DAS KLEINE DROSOPHILA-PRAKTIKUM

VON

DR. FELIX MAINX
A. O. PROFESSOR AN DER UNIVERSITÄT WIEN

MIT 15 TEXTABBILDUNGEN

Springer-Verlag Wien GmbH
1949

Alle Rechte, insbesondere das der Übersetzung
in fremde Sprachen, vorbehalten.

Copyright 1949 by Springer-Verlag Wien.

Ursprünglich erschienen bei Springer-Verlga in Vienna 1949.

ISBN 978-3-211-80110-9   ISBN 978-3-7091-2401-7 (eBook)
DOI 10.1007/978-3-7091-2401-7

Inhaltsverzeichnis.

Seite

Einleitung	1
Die Kultur der Drosophila	4
Die morphologische Untersuchung von Drosophila und ihren Entwicklungsstadien	11
Die zytologische Untersuchung von Drosophila	19
Einfache Vererbungsversuche mit Drosophila melanogaster	28
Monohybride Kreuzung	32
Polyhybride Kreuzung	34
Geschlechtsgebundene Vererbung	36
Koppelung und Faktorenaustausch	38
Multiple Allelie	43
Letalfaktoren	44
Inversionen, Duplikationen	45
Genwirkung, Phänotypus und Genotypus	47

Einleitung.

Diese praktische Einführung soll dem wissenschaftlichen Biologen, dem Studierenden der Naturwissenschaften und der Medizin, aber auch dem biologisch interessierten Liebhaber als Wegweiser zur Arbeit mit einem Versuchstier dienen, das durch seine ungemein günstigen Eigenschaften sich nicht nur zu erbwissenschaftlichen, sondern auch zu physiologischen und entwicklungsphysiologischen Versuchen und vor allem zu Lehrzwecken hervorragend eignet. Auch den Lehrern der Naturgeschichte an Mittelschulen (Höheren Schulen) soll durch sie die Möglichkeit geboten werden, mit ihren Schülern ohne Schwierigkeiten biologische Beobachtungen und einfache Erbversuche anstellen zu können, die eine überaus wertvolle Bereicherung des Unterrichtes darstellen.

Seit der große amerikanische Biologe *T. H. Morgan* die Frucht- oder Essigfliege, *Drosophila melanogaster,* bald nach 1900 als günstigstes Objekt der experimentellen Vererbungsforschung entdeckt hat, hat die Arbeit mit *Drosophila* von Jahr zu Jahr an Umfang und Vertiefung zugenommen. Heute wird in über 100 Laboratorien aller Länder der Erde von mehreren Hundert Forschern mit *Drosophila* gearbeitet. Die Zahl der wissenschaftlichen Veröffentlichungen, in denen Arten der Gattung *Drosophila* als Versuchsobjekte dienten, beträgt mehrere Tausend. Die moderne Vererbungsforschung konnte nur deshalb in so kurzer Zeit einen so hohen Aufschwung nehmen und ihre zentrale Stellung in der heutigen Biologie erobern, da ihr ein methodisch so günstiges Objekt zur Verfügung stand. Auf keinem Gebiet der Biologie ist die internationale Zusammenarbeit so gut organisiert wie auf dem der *Drosophila*-Genetik. Große Sammlungen von Erbstämmen werden in den führenden Laboratorien, vor allem in Nordamerika, unterhalten und stehen den Forschern aller Länder zur Verfügung[1]. Durch ein eigenes Nachrichtenblatt, die in Cold Spring Harbor herausgegebene „Drosophila Information Service" (DIS) stehen die Leiter der Laboratorien in ständigem Kontakt miteinander.

Man hat ganz unberechtigterweise der *Drosophila*-Forschung den Vorwurf der Einseitigkeit gemacht, ja sogar die ganzen Grundlagen der modernen Vererbungsforschung verdächtigt, nur auf der Arbeit mit dieser Fliege aufgebaut zu sein. Nun sind aber inzwischen alle wesentlichen Befunde der Vererbungslehre, die Chromosomenlehre der Vererbung, die Lehre von der linearen Anordnung der Gene, von der Mutation und der Wirkungsweise der Gene an zahlreichen anderen tierischen und pflanzlichen Objekten, auch an Mikroorganismen, und durch die Erbforschung am Menschen hundertfach bestätigt worden, sodaß ein solcher Vorwurf nur mehr mangelnder Kenntnis oder einer Voreingenommenheit entspringen kann.

Dieses kleine Praktikum setzt die Kenntnis der Grundlagen der Vererbungslehre voraus. Zur Einführung geeignete Bücher sind im Literaturverzeichnis aufgeführt. Wo dies nicht besonders vermerkt ist, beziehen sich alle Angaben dieser Schrift auf die am leichtesten kultivierbare Art *Drosophila melanogaster,* die in den warmen und gemäßigten Zonen der ganzen Erde sehr häufig und ein ständiger Begleiter des Menschen ist. Sie erscheint weitgehend domestiziert und dem Leben in den Abfällen und Vorräten der menschlichen Siedlungen angepaßt. In der wissenschaftlichen Arbeit, besonders zur Bearbeitung von Fragen der Artbildung, werden auch viele andere Arten der Gattung *Drosophila* verwendet (bisher kennt man etwa 500 Arten dieser

---

[1] In Österreich ist das Institut für allgemeine Biologie der medizinischen Fakultät, Wien, IX., Schwarzspanierstraße 17, bereit, Stämme für wissenschaftliche und für Lehrzwecke abzugeben.

Einleitung.

Gattung). So die ebenfalls weitgehend domestizierten Arten *Drosophila funebris* und *Dr. busckii*, die vom Menschen unabhängigen ubiquistischen Arten *Dr. hydei*, *Dr. repleta*, *Dr. simulans*, die europäischen Arten *Dr. subobscura*, *Dr. ambigua*, *Dr. littoralis* und die amerikanischen Arten *Dr. virilis*, *Dr. pseudoobscura*, *Dr. miranda* und viele andere. Keine dieser Arten ist so leicht zu kultivieren wie *Dr. melanogaster*. Sie haben meist eine längere Entwicklungsdauer, sind wählerischer in den Kulturbedingungen und empfindlicher und daher für den Anfänger weniger geeignet.

Kein anderer Organismus zeigt in dieser Vollendung eine Reihe von im Laboratorium erwünschten Eigenschaften wie *Drosophila*. Die Fliegen können in großer Zahl auf kleinstem Raum und mit billigen Mitteln kultiviert werden und sind relativ langlebig. Unter optimalen Bedingungen beträgt die Dauer einer Generation nur zehn Tage (bei den meisten Versuchspflanzen ein Jahr, bei Mäusen zwölf bis vierzehn Wochen!). Jede Fliege ist fruchtbar und ein Pärchen ergibt bis 300 Nachkommen. Die Imagines, doch auch die anderen Stadien, zeigen zahlreiche morphologische Merkmale, deren erbliche Variation mit einfachen optischen Instrumenten leicht zu erkennen ist. Die Tiere lassen sich ohne Schaden narkotisieren, transportieren und sind sehr widerstandsfähig gegen Schäden aller Art. *Drosophila* hat eine geringe Zahl leicht unterscheidbarer Chromosomen und überdies den großen Vorteil, in den Speicheldrüsen der Larven besonders übersichtlich gebaute Riesenchromosomen zu besitzen, die eine weitgehende zytogenetische Analyse ermöglichen. Alle Dipterenlarven besitzen diesen polytaenen Chromosomentypus in gewissen Geweben, doch meist nicht in so günstiger Ausbildung wie *Drosophila*.

Bei der Anlage einer Kultur kann man von natürlichen Populationen ausgehen, wobei der gewöhnliche Nährboden oder gärende Stoffe als Köder zum Fangen der Fliegen verwendet werden. Innerhalb von menschlichen Siedlungen fängt man in der Regel nur *Dr. melanogaster, funebris* und *busckii*.

Die gefangenen Weibchen sind fast stets schon befruchtet. Lieber wird man von definierten Stämmen ausgehen, die von einem Laboratorium bezogen sind. Die Fliegen werden in Glastuben versendet und sind gleich nach Empfang in ein Kulturgefäß umzuschütten. Der Nährboden im Versandgefäß enthält außerdem stets bereits Eier oder Larven, deren Entwicklung man abwarten kann.

Die Kultur der *Drosophila*.

Als Kulturgefäße können die verschiedensten Glasgefäße verwendet werden, sofern ihre Öffnung mit einem Wattebausch gut verschlossen werden kann (Abb. 1). Das Spezialkulturglas für *Drosophila* (Abb. 1a, Fassungsraum 130 — 200 ccm) hat den Vorteil, daß durch den einspringenden Ring über dem Boden der Nährboden gut im Glas festgehalten wird und bei der Entnahme von Fliegen nicht vorfällt. Diese gleiten beim Umschütteln leicht an den konisch zulaufenden Wänden gegen die Öffnung. Diese Spezialtype ist derzeit im Handel nicht allgemein erhältlich, wird aber auf Bestellung von Glasfabriken hergestellt. Statt ihrer kann man Milchflaschen (Abb. 1c) oder Opodeldok-Gläser (Abb. 1e) oder Pulvergläser bis 250 ccm Inhalt verwenden. Für Kulturen mit geringerer Individuenzahl und zur Versendung verwendet man kleinere Glastuben (Abb. 1d). Es empfiehlt sich, durchwegs Gläser von gleicher Öffnungsweite zu wählen, um ein klagloses Umsetzen der Fliegen zu ermöglichen. Die Gläser sind vor Gebrauch gut zu reinigen, mit kochendem Wasser auszuspülen und staubsicher aufzubewahren. Zu ihrem Verschluß verwendet man Watte, es genügt auch grobe Stopfwatte. Die Herstellung des Wattestopfens soll so erfolgen, daß ein Stück Watte in die Öffnung des Gefäßes gedrückt wird und die Watte sich gleichmäßig elastisch den Glaswänden anlegt. Der Stopfen soll so groß sein, daß er den ganzen zylindrisch verlaufenden Teil der Gefäßöffnung ausfüllt, nicht zu locker sitzt, aber auch nicht so fest ist, daß die Durchlüftung behindert wird. Vor Her-

Die Kultur der Drosophila. 5

stellung der Stopfen durch Rollen der Watte ist zu warnen. Dabei und bei zu lockeren Stopfen kann es vorkommen, daß Fliegen durchschlüpfen. Es empfiehlt sich, den Stopfen außen mit einer Schicht Mull zu umgeben, damit er nicht fasert.

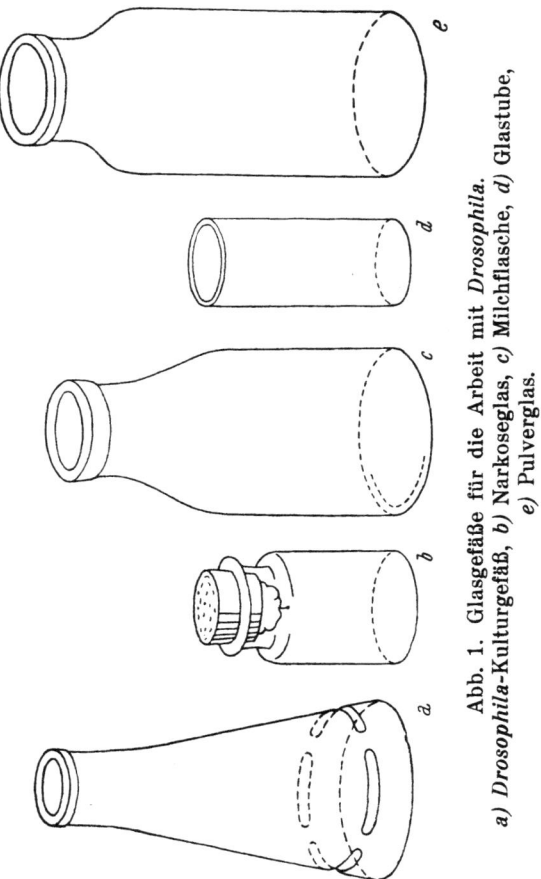

Abb. 1. Glasgefäße für die Arbeit mit *Drosophila*. *a)* *Drosophila*-Kulturgefäß, *b)* Narkoseglas, *c)* Milchflasche, *d)* Glastube, *e)* Pulverglas.

Als Nährboden verwendet man mit Vorteil das folgende Rezept auf 400 ccm Gesamtmenge:

1. 4 g Agar (z. B. Difco Laboratories, Detroit, USA.) läßt man in 200 ccm Wasser aufquellen, setzt 50 g Zucker zu

und kocht bis zur völligen Lösung des Agars unter Umrühren.

2. 40 g Roggenkleie oder Maisschrot werden in 200 ccm Wasser aufgeschwemmt und unter Kochen und Umrühren der Lösung 1 zugesetzt.

3. 2 g Nipagin (früher Penner A.-G., Berlin-Schöneberg) oder Methyl-Parasept (Heyden, New York) werden in einigen ccm Alkohol gelöst und tropfenweise unter Umrühren der heißen Mischung von 1 und 2 zugesetzt. Die ganze Mischung soll noch etwa fünf Minuten weitergekocht werden.

Das Nipagin dient der Bekämpfung der Schimmelpilze und kann im Notfall fortgelassen werden. Als Zucker kann auch technisch verunreinigter Zucker verwendet werden, wie er in den Ländern mit staatlicher Bewirtschaftung von den zuständigen Behörden für Futterzwecke freigegeben wird. Wenn kein Agar zur Verfügung steht, kann man das Rezept so abwandeln, daß man auf die angegebene Gesamtmenge etwa 80 g Kleie oder Maisschrot nimmt und davon unter Kochen so viel einrührt, bis ein dicker Brei entsteht. Doch bröckelt dieser Nährboden später und fällt leicht bei Entnahme der Fliegen vor. In Amerika verwendet man statt Zucker Karo-Melasse und statt Kleie Mais-, Hafer- oder Weizenmehl. Diese und andere Abarten des Rezeptes sind nicht wesentlich. Die früher verwendeten Nährböden mit Obst sind zu kostspielig, ohne wesentliche Vorteile zu bieten. Alkalische Reaktion des Nährbodens ist ungünstig. In diesem Fall wird er mit einem Tropfen Milchsäure angesäuert.

Nach Beendigung des Kochens wird der Nährboden sofort in die Gläser gefüllt, wobei man sich mit Vorteil eines Schöpflöffels und eines Trichters bedient. Es ist darauf zu achten, daß die Seitenwände und die Öffnung der Gläser nicht mit Nährboden benetzt werden. Man füllt den Nährboden 1 bis 1,5 cm hoch ein und läßt ihn erstarren. Es bildet sich stets etwas Kondenswasser an den Wänden der Gefäße, in dem die Fliegen hängen bleiben könnten. Dieses wird daher weggewischt oder man läßt die Gläser zwei bis drei Tage stehen, bis das Kondenswasser verdunstet ist. Dabei müssen die Gläser mit einer dreifachen Schicht reinen Mulls gut bedeckt werden, um zu vermeiden, daß eine frei fliegende *Drosophila* ihre Eier hineinlegt. Hierauf wird auf die Oberfläche des Nährbodens ein Tropfen einer dichten wässerigen Aufschwemmung von Preßhefe (oder amerikanischer Trokkenhefe) gebracht. Dann wird ein viereckiges Stück reinen Zellstoffs oder Filterpapiers trichterförmig gefaltet und mit der Spitze seitlich in den Nährboden gestoßen, so daß es sich nach oben entfaltet. In diesen Trichter können die narkotisierten Fliegen geworfen werden, ohne daß sie am Nährboden kleben bleiben. Außerdem dient der Zellstoff zur Aufsaugung überschüssiger Flüssigkeit, als Sitzplatz für die Fliegen und als Material für die Verpuppung der Larven. Zum Schluß werden die Gläser in der oben angegebenen Weise mit Watte verschlossen und mit Etiketten versehen. Kommen die Gläser nicht gleich zur Verwendung, so kann man sie in einem Kühlschrank oder in einem kalten Raum eine Zeitlang aufbewahren.

Das Einsetzen der Fliegen erfolgt durch Umschütteln aus einem bereits besetzten Kulturgefäß. Zu diesem Zweck werden die Fliegen durch Aufstoßen dieses Glases (Filzunterlage!) und durch Bewegen des Stopfens vom Eingang des Glases verscheucht. Die Gläser werden dann rasch geöffnet und mit den Öffnungen durch Umschließen mit der linken Hand lückenlos aneinander gehalten, umgedreht und durch Aufstoßen und Klopfen mit der rechten Hand werden die Fliegen in das frische Glas befördert. Nach Trennung der Gläser werden sie zunächst mit den Händen und dann mit den Wattestopfen wieder verschlossen. Die Bezeichnung des Stammes und das Datum der Beschickung des Glases sind sofort auf der Etikette zu vermerken. Die Besetzung eines neuen Glases erfolgt in der Regel mit fünf bis zwanzig Pärchen, aber nicht mehr. Das Einsetzen der Fliegen kann natürlich auch in Narkose erfolgen.

Zu diesem Zweck und vor allem zur Untersuchung werden die Fliegen mit Äther narkotisiert. Das Narkosegefäß (Abb. 1b) ist ein niedriges Pulverglas von gleicher Öffnungsweite wie die Kulturgläser, mit gut sitzendem Korkstöpsel, an dessen Unterseite ein Wattebausch befestigt ist. Auf diesen werden einige Tropfen Äther gebracht, dann werden die Fliegen auf die oben beschriebene Weise in das Glas geschüttelt und der Stöpsel aufgesetzt. Es ist sorgfältig darauf zu achten, daß die Tiere nicht mit flüßigem Äther in Berührung kommen, da sie dann sofort getötet würden. Die Ätherdämpfe sinken in das Gefäß und die Fliegen werden nach einem typischen Exzitationsstadium bald gelähmt. Man beobachtet den Eintritt der Narkose und untersucht die Fliegen erst, nachdem sie vollkommen unbeweglich geworden sind. Bei zu lange dauernder Einwirkung der Ätherdämpfe tritt der Tod ein, was man daran bemerkt, daß die Flügel nach oben zusammengeschlagen werden. Zur Untersuchung werden die narkotisierten Fliegen auf eine stärkere Glasplatte ausgeschüttet. Zur Auszählung und Registrierung verwendet man Glasplatten, die mit parallelen Linien markiert sind. Die Fliegen werden mit zugespitzten Holzstäbchen, feinen Pinseln oder Nadeln über die Glasfläche gleichmäßig verteilt und entlang den durch die Linien begrenzten Feldern durchgemustert. Drohen die Fliegen während der Untersuchung zu erwachen, was man an der Zunahme der Bewegungs-Automatismen während der Narkose bemerkt, so können sie neuerlich in das Narkoseglas geworfen werden oder man setzt über die Zählplatte eine Glasschale, auf deren Boden sich ätherhaltige Watte befindet. Auch nach mehrmaliger Narkose sind die Tiere in ihrer Vitalität nicht geschädigt.

Zur Betrachtung, Kontrolle und Beurteilung der Fliegen verwendet man am besten ein Binokularmikroskop oder eine Binokularlupe mit auffallender, z. T. auch durchfallender Beleuchtung. (Das Stereomikroskop „MAK K" der Fa. Reichert, Wien, ist besonders geeignet.) Im Notfall leistet auch eine stärkere Präparierlupe in Stativ gute Dienste. Als Lichtquelle kann eine gegen das Auge abgeschirmte stärkere Tischlampe oder eine Niedervolt-Mikroskopierlampe verwendet werden. Fliegen, die nicht mehr für die Fortführung von Stämmen oder Versuchen gebraucht werden, werden in einem Gefäß mit Xylol abgetötet, damit sie nicht frei im Raum herumfliegen.

Die Ablage der Eier in den Gläsern und die Entwicklung der Larven und Puppen werden mit einer Handlupe verfolgt. Die Larven leben in den oberflächlichen Schichten des Nährbodens und ernähren sich von Mikroorganismen, vor allem Hefen. Die festen Bestandteile des Nährbodens dienen nur als Substrat. Wer gesunde Kulturen und gute Versuchsresultate erzielen will, muß das Wachstum und den Zustand der Kulturen ständig verfolgen. Die Entwicklung erfolgt am besten bei einer Temperatur von $25°$ C. Ist ein Thermostat vorhanden, so ist er auf 24 bis $25°$ C einzustellen. Höhere Temperaturen sind gefährlich. Bei niederen Temperaturen erfolgt die Entwicklung entsprechend langsamer, um unter $14°$ C praktisch zum Stillstand zu kommen. Wo kein Thermostat zur Verfügung steht, sind die Kulturen im Winter in einem gleichmäßig geheizten Raum (nicht beim Ofen!), im Sommer im Schatten zu halten. Direkte Besonnung ist unbedingt zu vermeiden, da sie auch schon in kurzer Zeit zu Überhitzung der Kulturen und deren Tod führen kann. Auch starke periodische Temperaturschwankungen sind zu vermeiden. Vorübergehend wird auch starke Abkühlung (bis unter o Grad) ertragen und kann in Fällen verwendet werden, in denen die Entwicklung für kurze Zeit sistiert oder verlangsamt werden soll. *Drosophila melanogaster* kann den ganzen Lebenszyklus auch bei völligem Lichtabschluß durchlaufen, andere Arten, z. B. *Dr. subobscura,* kopulieren nur bei Licht.

Mißerfolge in der Kultur von *Drosophila* gehen meist auf die folgenden Ursachen zurück: 1. Verflüssigung des Nährbodens oder alkalische Reaktion durch ungünstige bakterielle Gärungen. Diese vermeidet man durch die richtige Zusammensetzung des Nährbodens mit neutraler oder schwach saurer Anfangsreaktion, durch die Beimpfung mit Hefe und durch Sauberkeit der Gläser und der anderen Materialien. 2. Befall mit Schimmelpilzen, die größte und häufigste Gefahr für die Kulturen. Der bewährte Zusatz von Nipagin oder eines ähnlichen Antiseptikums soll nicht über das angegebene Maß gesteigert werden. Wenn trotzdem Schimmelpilze wachsen, so beruht das meist auf Unsauberkeit beim Reinigen der Gläser oder auf der Verwendung von benutzter Watte oder verstaubtem Zellstoff oder darauf, daß die Fliegen bereits aus verschimmelten Kulturen übertragen wurden. Man bekämpft diese Plage durch Ausscheidung aller verschimmelten Kulturen, durch Sterilisierung von Gläsern, Watte und Zellstoff und durch deren staubgeschützte Aufbewahrung. Vor allem aber dadurch, daß die Fliegen sofort in ein anderes Glas gebracht werden, wenn man die ersten Entwicklungsstadien der Schimmelpilze in einer Kultur bemerkt. Durch wiederholte Übertragung streifen die Fliegen alle Keime ab. Auch Narkosegläser, Instrumente und Glasplatten sind rein zu halten. 3. Eine häufige Gefahr, besonders im Herbst, sind Milben, die in manchen Laboratorien eine ständige Plage darstellen. Sie werden von frei fliegenden Drosophiliden oder Scatopsiden verbreitet und auf die Stopfen der Kulturgläser gebracht, durch die sie eindringen. Die Milben sitzen als Parasiten nur an den Imagines, besonders an deren Beinen, bei starkem Befall oft in großen Mengen. Nach zwei bis drei Tagen fallen sie ab und gehen in den Nährboden, wo sie ihre Eier ablegen. Die Larven entwickeln sich in großen Mengen im Nährboden und die Milben suchen vor Eintritt der Geschlechtsreife die Fliegen auf. Dabei dringen sie auch durch den Watteverschluß und wandern in andere Gläser ein. Erst nach einer parasitischen Nahrungsaufnahme an den Fliegen werden sie geschlechtsreif. Der Befall mit diesen Milben kann rasch zur Ausrottung einer Kultur führen. Es gibt noch andere Milben, die nur im Nährboden leben und harmlos sind. Wenn man den ersten Befall mit Milben bemerkt, muß sofort energisch eingeschritten werden, da sonst leicht eine Verseuchung des ganzen Laboratoriums eintritt. Die befallenen Gläser sind zu isolieren und in eine Wanne zu stellen, deren Boden mit einer Lysollösung oder ähnlichem bedeckt ist. Alle befallenen Kulturen, deren Erhaltung nicht notwendig ist, sind auszuscheiden, Gläser, Watte usw. gut zu sterilisieren. Gestelle, Thermostaten, Tische usw. sind mit antiseptischen Lösungen zu waschen. Die befallenen Linien, deren Erhaltung notwendig ist, werden in frische Gläser übertragen und nun jeden dritten Tag umgesetzt. Auf diese Weise gelingt es meist, die Milben in den ersten Gläsern abzufangen und die Fliegen milbenfrei zu bekommen. Die ersten Gläser sind dann nur so lange aufzubewahren, bis durch das Auftreten von Larven in den späteren Gläsern die Erhaltung des Stammes gesichert erscheint. Es empfiehlt sich, offene Ködergläser aufzustellen, in denen frei fliegende Fliegen eingefangen und vernichtet werden können. Alle chemischen Mittel zur Bekämpfung der Milben gefährden auch die Fliegen und sind besser zu vermeiden.

Die morphologische Untersuchung von *Drosophila* und ihren Entwicklungsstadien.

Drosophila melanogaster beginnt zwei Tage nach dem Schlüpfen mit der Eiablage, die zunächst zunehmend, dann allmählich abnehmend bis zu vier Wochen fortgesetzt wird. Andere, besonders die großen, langlebigen *Drosophilaarten* werden erst mehrere Tage nach dem Schlüpfen geschlechtsreif und brauchen einige weitere Tage, ehe die Eiablage beginnt. Bei ihnen empfiehlt es sich, die gleich nach dem Schlüpfen übertragenen Fliegen sieben bis zehn Tage später noch einmal umzusetzen, damit die Eier auf frischen Nährboden gelegt werden. Das Ei von *Dr. melanogaster* (Abb. 2) ist ca. $1/2$ mm lang, zeigt außen die Skulptur des Chorions und zwei Filamente, die aus dem Substrat herausragen, in das die Eier gelegt werden. Das Eindringen der Spermien durch die Mikropyle erfolgt im Uterus des Weibchens, bei der Eiablage ist meist die Embryonalentwicklung bereits eingeleitet. Die jungen Larven schlüpfen bei 25° ca. 24h nach der Eiablage.

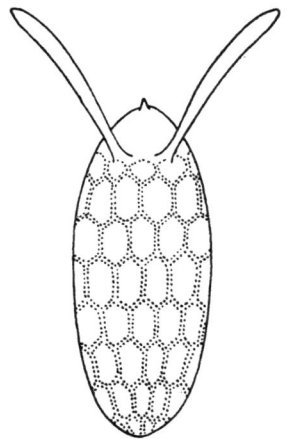

Die Larven machen zwei Häutungen durch und sind bei 25° in vier bis fünf Tagen mit vier bis fünf Millimeter Länge erwachsen. Sie arbeiten die oberflächlichen Schichten des Nährbodens und die Zellstoffeinlage durch, woran man leicht das erfolgreiche Angehen einer Kultur bemerkt. Die Abb. 3 und 4 geben eine Übersicht über die Organe der Larve und deren Lage. Näheres über die Anatomie der Larven und Fliegen möge man in einem Lehr- oder Handbuch der Entomologie nachsehen. Die Larven sind so durchscheinend, daß man die inneren Organe im Leben unter dem Bino-

Abb. 2. Das Ei von *Drosophila melanogaster* mit Oberflächenskulptur, Mikropyle und zwei Anhängen.

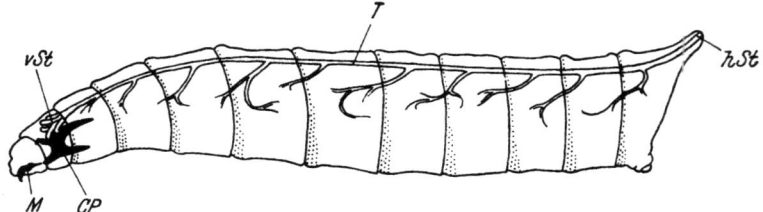

Abb. 3. Erwachsene Larve von *Drosophila melanogaster* von der Seite. *T* Tracheen, *vSt* Tuben der Vorderstigmen, *hSt* Hinterstigmen, *M* Mundhaken, *CP* Cephalopharyngealplatten.

kularmikroskop bei durchfallendem Licht gut beobachten kann. Zum näheren Studium werden die Larven in physiologischer Kochsalzlösung (0,7 % NaCl in destilliertem

Wasser) mit Nadeln seziert. Bei alten Larven behindert der mächtig entwickelte Fettkörper etwas die Sicht. Die Anlagen der Hoden sind große, ellipsoide, glasklare Gebilde, die im letzten Körperdrittel gelegen sind und sich vom umliegenden Fettkörper deutlich abheben. Die Anlagen der Ovarien sind viel kleiner und daher nicht so leicht zu finden. Bei einiger Übung ist es möglich, bei der lebenden Larve das Geschlecht zu erkennen, was für manche Zwecke wertvoll ist. Es gibt mehrere Erbfaktoren, deren Wirkung sich bereits an morphologischen Merkmalen der Larve äußert, z. B. an der Färbung der Malpighi-Gefäße. Gewisse Subletal-

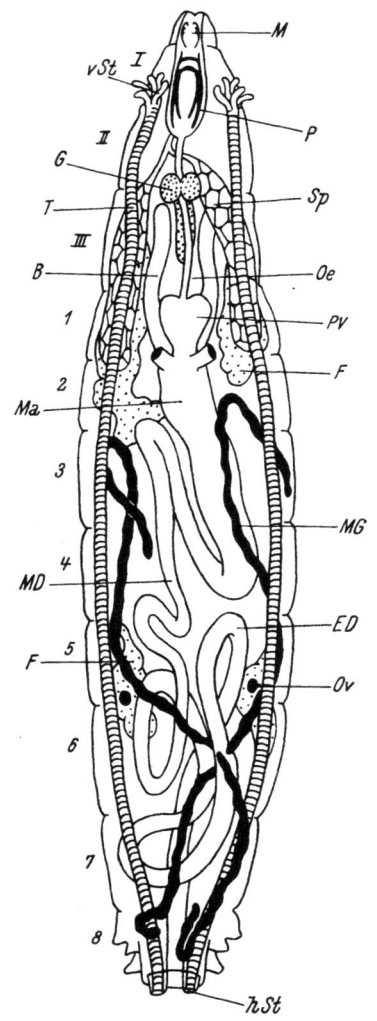

Abb. 4. Anatomie der Larve von *Drosophila melanogaster*. *M* Mundhaken, *P* Pharynx, *T* Hauptstamm der Tracheen, *vSt* Vorderstigmen, *hSt* Hinterstigmen, *Oe* Oesophagus, *PV* Proventrikel, *Ma* Magen, *B* Blindschläuche des Magens, *MD* Mitteldarm, *ED* Enddarm, *MG* Malpighigefäße, *Sp* Speicheldrüsen, *F* Fettkörper, *Ov* Ovarium, *G* Ganglion, *I—III* Thorakalsegmente, *1—8* Abdominalsegmente. Die Tracheenäste, die Imaginalscheiben, das Rückengefäß und die Muskulatur sind nicht eingezeichnet, der Fettkörper nur zum Teil.

faktoren machen dem Leben der Tiere bereits in einem bestimmten Larvenalter ein Ende oder verhindern die Verpuppung. Der Anfänger wird es aber meist nur mit Erbwirkungen zu tun haben, die sich an der fertigen Fliege äußern. Die verpuppungsreifen Larven kriechen, besonders bei feuchtem Nährboden, in die höheren Lagen der Zellstoffeinlage oder an der Glaswand empor und verpuppen sich dort. Die Verpuppung erfolgt in der letzten Larvenhaut, die bei der Vorpuppe noch weiß erscheint, dann bald braun wird und verhärtet (Abb. 5). Die Puppenruhe dauert bei 25° vier bis fünf Tage. In den älteren Puppen kann man die Körperteile der Imago durch die durchscheinende Puppenhülle erkennen. Durch Ausbildung einer Kopfblase wird die Puppenhülle unter Abheben eines Deckels gesprengt. Die frisch geschlüpfte Imago zeigt noch zusammengefaltete Flügel, die in ein bis zwei Stunden durch Aufpumpen mit Luft entfaltet werden und bald verhärten. Das Abdomen der frisch geschlüpften Fliegen ist noch weich, langgestreckt und walzig und nimmt in wenigen Stunden die normale, abgeflachte Form unter Verhärtung des Chitins an. Die zunächst hellen Farben des Körpers und der Augen dunkeln in dieser Zeit bis zur normalen Tönung nach. Die Kenntnis dieser Kennzeichen ist wichtig, um die zu Kreuzungsversuchen erforderlichen, noch unbefruchteten Weibchen isolieren zu können.

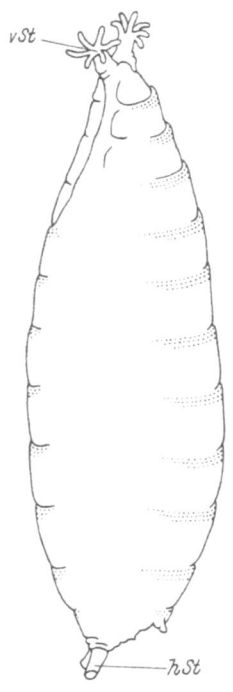

Abb. 5. Puppe von *Drosophila melanogaster* von der Seite. *vSt* Tuben der Vorderstigmen, *hSt* Hinterstigmen.

Über den Bau der Fliegen und ihrer äußeren Teile orientieren die Abb. 6 bis 10. Wichtig ist es, mit Sicherheit die

Die morphologische Untersuchung von Drosophila. 15

Geschlechter unterscheiden zu können. Das Weibchen ist durchschnittlich etwas größer als das Männchen, hat ein

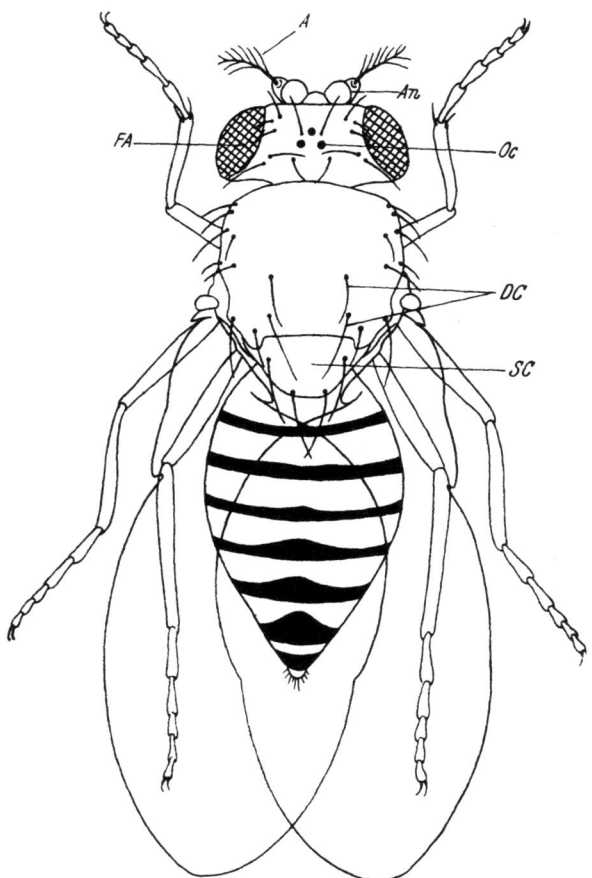

Abb. 6a. Weibchen von *Drosophila melanogaster* von oben. *A* Arista, *An* Antenne, *FA* Facettenaugen, *Oc* Ocellen, *DC* Dorsozentralborsten, *Sc* Scutellum mit Scutellarborsten.

mehr spitz zulaufendes Abdomen mit deutlich abgesetzter Analplatte, die dunklen Ringe der Tergitengrenzen sind bis zum letzen Segment getrennt sichtbar. Das Männchen hat ein abgerundetes Abdomen ohne abgesetzten Fortsatz, die dunklen Ringe der letzten Segmente sind zu einem einheit-

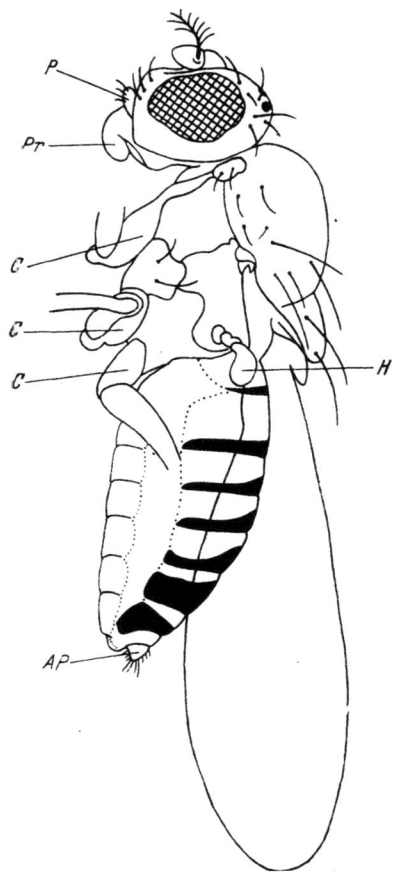

Abb. 6b. Weibchen von *Drosophila melanogaster* von der Seite.
P Palpe, Pr Proboscis, C Coxae, H Halteren, AP Analplatte.

lichen breiten Band verschmolzen und bei Betrachtung von der Bauchseite sieht man deutlich das Hypopygienpaar. Form und Beborstung des Hypopygiums, das man leicht frei prä-

Die morphologische Untersuchung von Drosophila. 17

parieren kann, sind ein gutes Charakteristikum zur Artbestimmung. Außerdem hat das Männchen am Metatarsalglied des ersten Beinpaares einen „Geschlechtskamm". Bei *Dr. melanogaster* gelingt die Unterscheidung der Geschlechter sehr leicht in der Seitenlage, die die narkotisierten Fliegen gewöhnlich einnehmen, bei einiger Erfahrung auch im Leben mit freiem Auge oder mit der Lupe. Bei manchen anderen Arten erfordert die Unterscheidung der Geschlechter etwas mehr Übung.

Eine gute Kenntnis der äußeren Körperbeschaffenheit der Fliegen, ihrer Körperanhänge, der Borsten und Haare, der Augen, der Flügeladern usw. ist notwendig, da alle diese Merkmale durch die Mutation von Genen in der mannigfachsten Weise abgeändert sein können und

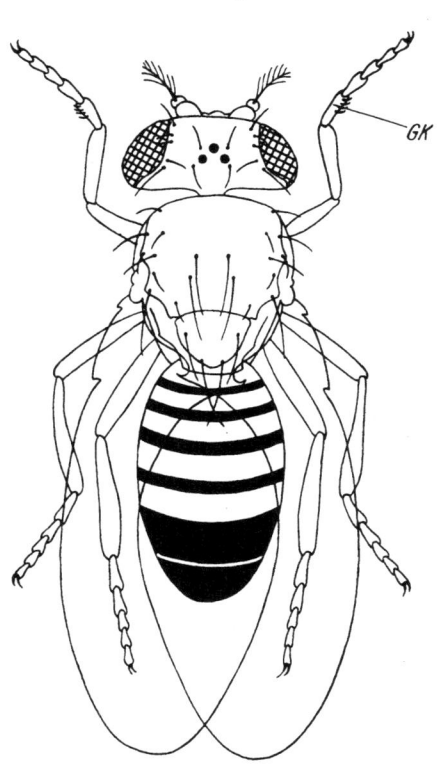

Abb. 7. Männchen von *Drosophila melanogaster*. *GK* Geschlechtskamm.

die sichere Registrierung dieser Abweichungen bei der erbanalytischen Arbeit und bei der Anstellung einfacher Erbversuche notwendig ist. Allein die Pigmentierung der Augen wird von über 40 verschiedenen Genen mitbeherrscht, noch weit mehr Gene wirken sich u. a. auf den Bau der Flügel aus. Bei *Drosophila melanogaster* sind ca. 600 Gene genauer bekannt, davon

18   Die morphologische Untersuchung von Drosophila.

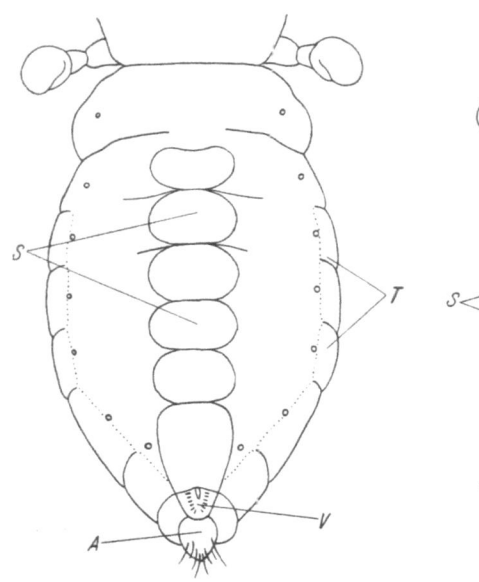

Abb. 8. Weibliches Abdomen von Drosophila melanogaster von der Ventralseite. T Tergiten 1— 8, S Sterniten 2—7, V Vaginalplatte, A Analplatte.

Abb. 9. Männliches Abdomen von Dr. melanogaster von der Ventralseite. T Tergiten 1—7, S Sterniten 2—5, G Genitalbogen, P Penis, H Hypopygium, A Analplatten.

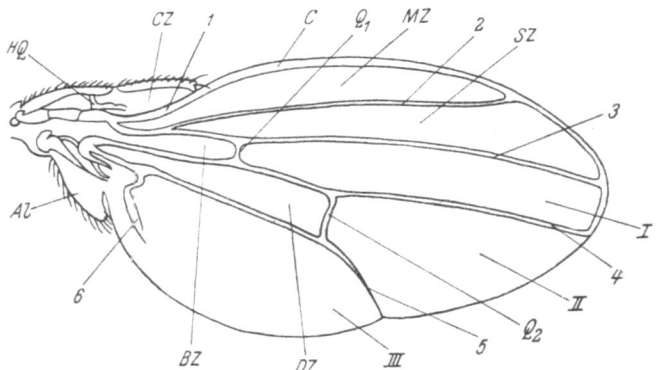

Abb. 10. Flügel von Dr. melanogaster. CZ Costalzelle, MZ Marginalzelle, SZ Submarginalzelle, I, II, III erste, zweite, dritte hintere Zelle, DZ Diskalzelle, BZ Basalzelle, C Costa, HQ Humeralquerader, Q_1 vordere Querader, Q_2 hintere Querader, 1—6 erste bis sechste Längsader, Al Alula.

viele in mehreren Allelformen (multiple Allelie). Die Gesamtzahl der Gene wird auf 5000 geschätzt. Ein geübtes Auge vermag auch bei flüchtiger Betrachtung kleinste Unterschiede zu erkennen, die dem Anfänger entgehen. Besondere Aufmerksamkeit wende man dem Bau der großen Facettenaugen, ihrer Farbe, der Form und Zahl der Borsten und vor allem dem Aderverlauf und der Form der Flügel zu (Abb. 10). Einige Beispiele von genotypisch abgeänderten Merkmalen werden im Kapitel über einfache Erbversuche beschrieben. Es gibt natürlich auch nicht erbliche, phänotypisch bedingte Mißbildungen, besonders an den Flügeln, die durch zufällige Schädigungen, besonders während des Schlüpfens der Fliegen, bewirkt werden. Durch die Isolierung solcher Formen, ihre Kreuzung mit normalen Tieren und die Analyse der folgenden Generationen kann man sich leicht davon überzeugen, daß diese Anomalien nicht erblich sind.

Die zytologische Untersuchung von *Drosophila*.

Im Hinblick auf die großen Erfolge der zytogenetischen Forschung wird es auch für den Nichtspezialisten von Interesse sein, die wichtigsten Methoden der *Drosophila*-Zytologie kennenzulernen. Sie sind so einfach, daß sie auch dem sonst histologisch Ungeübten zugänglich sind. Im Vordergrund stehen die Schnellfärbungen mit Essig-Karmin und Essig-Orcein, die es gestatten, in wenigen Minuten aufschlußreiche Quetschpräparate herzustellen. Zur Präparation in diesen Lösungen sollen womöglich Nadeln aus rostfreiem Stahl verwendet werden. Es ist darauf zu achten, daß die Deckgläser möglichst dünn sind. Peinliche Sauberkeit und individuelle Einfühlung in die Methoden sind auch hier Vorbedingungen des Erfolges. Ein Mikroskop mit Öl-Immersions-Objektiv und stärkeren Kompensations-Okularen (wenn möglich mit einem Binokularaufsatz) ist für wissenschaftliche Untersuchungen notwendig. Die wesentlichen Eigenschaften der Riesenchromosomen können aber im Notfall auch mit stärkeren Trockensystemen gezeigt werden.

Zur Herstellung von Essig-Karmin wird ca. 1 % gut pulverisiertes Karmin in 45%igem Eisessig in einem Erlen-Meyer-Kolben mit Rückflußkühler durch zwei Stunden auf dem Wasserbad milde gekocht. Die tiefdunkelrote Lösung wird nach ca. zwei Tagen filtriert. Entstehen später wieder Niederschläge, kann nochmals filtriert werden. Der richtige Färbungsgrad der Riesenchromosomen ist in frischen Lösungen meist nach ca. drei Minuten erreicht. Färbt die Lösung zu stark, so kann man sie mit 45%igem Eisessig verdünnen. Die richtige Färbedauer muß jeweils ausprobiert werden. Bei zu lange dauernder Färbung werden die Chromosomen brüchig. Durch Essig-Karmin wird das Plasma in geringem Grade mitgefärbt. Feiner differenzierte Bilder ohne Plasmafärbung erhält man in Essig-Orcein. Orcein wurde früher aus tropischen Flechten gewonnen und später in Nordamerika synthetisch hergestellt. Es ist derzeit im Handel nur schwer zu beschaffen. Zur Herstellung der Stammlösung werden 2 % Orcein in 60%igem Eisessig mit Rückflußkühler am Wasserbad zwei Stunden gekocht und nach zwei Tagen wird die Lösung filtriert.

Um gute Riesenchromosomen-Präparate zu bekommen, müssen die Larven einer besonderen Vorbehandlung unterworfen werden. Es ist darauf zu achten, daß die Kulturen, aus denen man die Larven verwenden will, nicht übervölkert sind. Die Elterntiere müssen daher aus ihnen entfernt werden, sobald Eier sichtbar sind. Sobald die Larven eine mittlere Größe erreicht haben, wird die Zellstoffeinlage entfernt und es werden einige Tropfen einer dichten wässerigen Aufschwemmung von frischer Preßhefe zugesetzt. Das Glas wird kühl gestellt (14 bis 16°) und es wird weitere Preßhefe zugesetzt, wenn die Larven heranwachsen. Der Nährboden soll dabei so feucht gehalten werden, daß die verpuppungsreifen Larven an der Glaswand emporkriechen und so erkannt und leicht gewonnen werden können. Die Larven

werden mit einem Stäbchen einzeln entnommen, von Nährbodenresten gereinigt und auf eine Glasplatte gebracht.
Die Präparation der Speicheldrüsen erfolgt in einem kleinen Tropfen physiologischer Kochsalzlösung (0,7 %) unter einem Binokularmikroskop bei gemischter auf- und durchfallender Beleuchtung. Die Nadeln, mit denen präpariert wird, dürfen nicht mit Essigsäure verunreinigt sein, da sonst

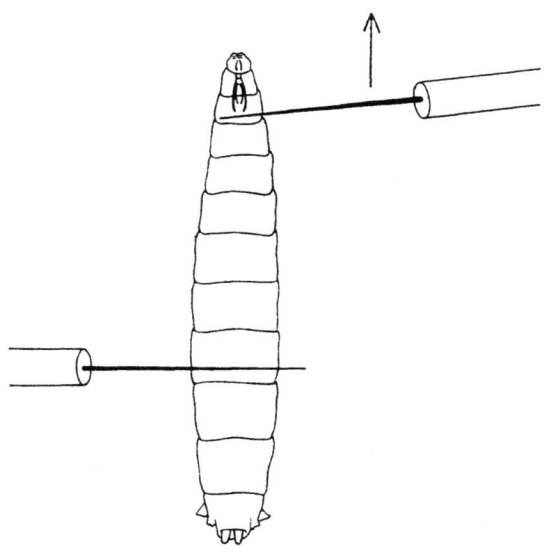

Abb. 11. Das Ansetzen der Nadeln bei der Präparation der Speicheldrüse.

sofort eine Schädigung der Zellen eintritt. Die Larve wird durch eine mit der linken Hand flach angesetzte Nadel im hinteren Körperdrittel festgehalten, während die mit der rechten Hand geführte Nadel etwas steiler hinter dem Pharyngeal-Skelett so ansetzt, daß durch ihre Spitze die Körperhaut am Rande angestochen wird (Abb. 11). Dann wird der Kopfteil der Larve nach vorn gezogen, bis er abreißt und die Organe, die am Kopfteil hängen, aus dem Körper herausgezogen werden (Abb. 12). Die Speicheldrüsen erkennt man

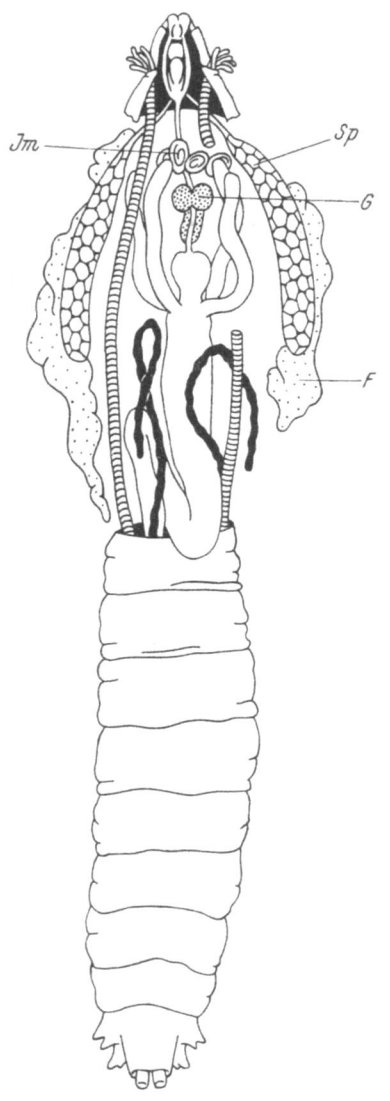

Abb. 12. Lage der Eingeweide nach dem Abreißen des Kopfes. *SP* Speicheldrüse, *F* Fettkörper, *G* Ganglion, *Im* Imaginalscheiben.

leicht an ihrer glasigen Beschaffenheit, dem auch bei schwacher Vergrößerung gut sichtbaren Muster aus großen Zellen und an ihrem gemeinsamen Ausführungsgang in den Pharynx. Sie werden mit den Nadeln vom anhaftenden Fettkörper möglichst befreit, am Grunde abgetrennt und in einen Tropfen der Farblösung auf einen Objektträger übertragen. Diese Handgriffe müssen möglichst rasch erfolgen, da bei einem längeren Aufenthalt der Drüsen in der Kochsalzlösung die Chromosomen Schaden leiden. Man kann die Präparation der Speicheldrüsen auch unmittelbar in einem Tropfen der Farblösung vornehmen. Nach Ablauf der Färbezeit werden die Drüsen mit der Nadel aus der Farblösung entnommen und auf einen anderen Objektträger in einen Tropfen einer verdünnten Farblösung gebracht. Diese stellt man so her, daß man Essig-

Karmin tropfenweise zu 45 %ᵢ Eisessig so lange zusetzt, bis man eine hellrote Lösung erhält (bei Essig-Orcein eine weinrote Lösung in 60 %₀ Eisessig). Man bedeckt hierauf mit einem gut gereinigten Deckglas und es beginnt das Quetschen des Präparates, dessen richtige Ausführung entscheidend für die Güte des Präparates ist und einige Übung erfordert. Der Tropfen ist so groß zu wählen, daß das Deckglas nicht fest an den Objektträger angesaugt wird, doch auch nicht wegschwimmt. Zunächst wird mit einer Nadel senkrecht von oben leicht auf das Deckglas geklopft, wodurch die Drüse in ihre einzelnen Zellen zerfällt, während die Lösung an den Rändern herauszudringen beginnt. Das Klopfen wird, unmittelbar über den zerfallenden Drüsen, am besten auf leicht elastischer Unterlage (Zellstoff), in verstärktem Maß fortgesetzt, bis von dem gefärbten Gewebe nur mehr ein leichter farbiger Hauch zu sehen ist. Dadurch werden die Kerne aus den Zellen gestoßen und die Riesenchromosomen zur Ausbreitung gebracht. Der Hergang dieser Präparation kann unterbrochen und unter dem Mikroskop kontrollierend verfolgt werden. Zuletzt wird eine Lage Zellstoff oder Filterpapier über das Präparat gelegt und mit den Fingern leicht angedrückt, wodurch alle überschüssige Flüssigkeit abgesaugt und eine endgültige Ausbreitung und Abflachung der Chromosomen erreicht wird. Das Klopfen und Pressen wird fast von jedem Untersucher nach persönlichem Geschmack modifiziert und ist Sache der eigenen Erfahrung. Das Präparat ist nun zur Betrachtung fertig und einige Stunden haltbar. Nach Umrandung mit einem Deckglaskitt kann es für mehrere Tage aufbewahrt werden, bei längerem Lagern zersetzen sich die Strukturen.

Es können auch leicht Dauerpräparate der Riesenchromosomen hergestellt werden. Zu diesem Zweck werden gut gereinigte Objektträger mit Hühnereiweiß, das mit einigen Stückchen Kampfer versetzt in Vorrat gehalten werden kann, oder mit der Lösung eines käuflichen Eiweißpräparates bestrichen, indem ein Tropfen der Eiweißlösung auf das eine Ende des Objektträgers gebracht und mit dem Handballen möglichst dünn über die ganze Fläche verteilt wird. Die Objektträger werden nach dem Trocknen vor Staub geschützt aufbewahrt. Präparation und Färbung der Speicheldrüsen erfolgt wie oben beschrieben, nur wird der Tropfen der verdünnten Farblösung jetzt auf einen mit Eiweiß überzogenen Objektträger gebracht, die Drüse in diesen übertragen und die Präparation auf diesem Objektträger zu Ende geführt. Nachher wird der Objektträger sofort in eine Färbewanne mit Deckel in 95 % Alkohol so eingestellt, daß der untere Rand des Deckglases ca. 2 mm in den Alkohol eintaucht. Nach zwölf Stunden bedeckten Stehens wird für zehn Minuten so viel 95%iger Alkohol aufgefüllt, daß die Objektträger ganz bedeckt sind. Oft löst sich jetzt das Deckglas von selbst ab, während die ausgebreiteten Gewebsreste an der Eiweißschichte hängen bleiben. Fällt das Deckglas nicht von selbst ab, so wird das Präparat herausgehoben, auf eine weiße Unterlage gelegt und das Deckglas wird mit einem Ruck, möglichst ohne seitliche Verschiebung, abgehoben, indem man es auf der einen Seite mit einer Nadel stützt und ein Eck durch Einführen einer Rasierklinge aufhebt. Nach dem Abheben des Deckglases wird sofort ein Tropfen Euparal (früher Hollborn, Leipzig, jetzt Flatters & Garnett Ltd., Manchester) auf das Präparat gebracht und das Deckglas wieder aufgelegt. Diese Handgriffe müssen sehr rasch erfolgen, damit das Päparat nicht durch Verdunsten des Alkohols eintrocknet. Das Euparal wird nach einigen Tagen fest und die Präparate sind unbegrenzt haltbar. Man kann auch nach Abheben des Deckglases über absoluten Alkohol in Xylol gehen und in Kanadabalsam einschließen, doch leidet dabei die Klarheit der Strukturen. Als Ersatz für Euparal kann man so viel Sandarak-Gummi in zwei Teilen Eukalyptus-Öl und 1 Teil Paraldehyd lösen, daß eine dickflüssige klare Mischung entsteht.

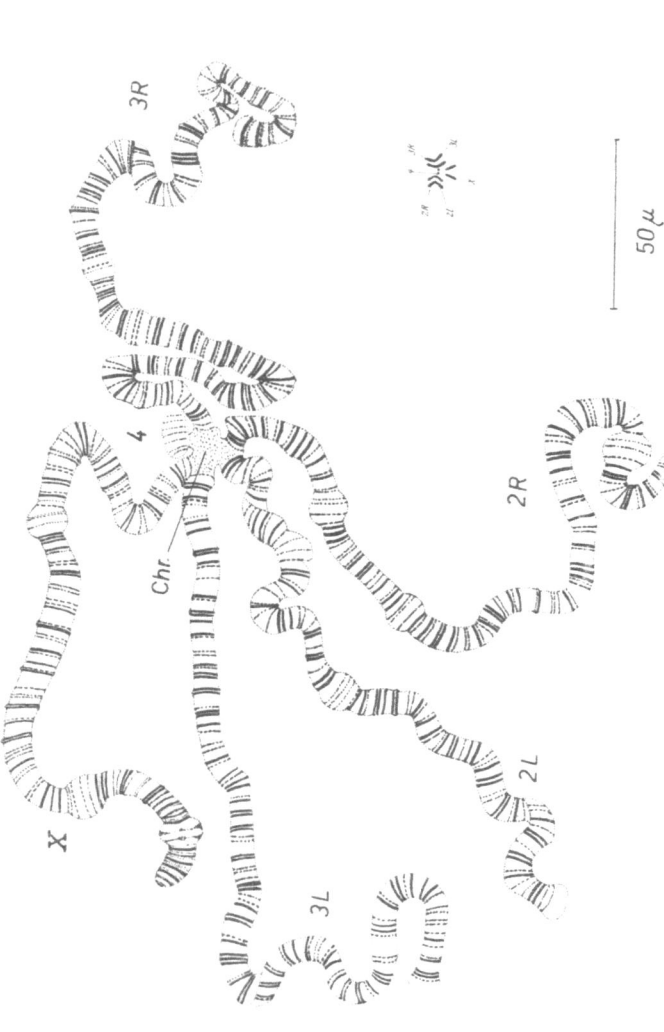

Abb. 13. Die Riesenchromosomen aus der Speicheldrüse einer weiblichen Larve von *Drosophila melanogaster*. (Nach einer Photographie von *Demerec-Kaufmann*.) Rechts davon zum Vergleich die Chromosomen aus der Metaphase einer somatischen Kernteilung, im gleichen Maßstab gezeichnet. *X* das X-Chromosom, *2L* und *2R* der linke und rechte Schenkel des II-Chromosoms, *3L* und *3R* der linke und rechte Schenkel des III-Chromosoms, *IV* das IV-Chromosom, *Chr* das Chromozentrum.

26 Die zytologische Untersuchung von Drosophila.

Eine Übersicht über den Bau der Riesenchromosomen von *Dr. melanogaster* gibt Abb. 13. Hier soll nur kurz darauf verwiesen werden, daß man alle Chromosomen-Aberrationen, also Strukturänderungen der Chromosomen, im heterozygoten Zustand an dem Verhalten der Riesenchromosomen zytologisch feststellen kann, da diese ja eigentlich Doppelchromosomen sind. Inversionen und Translokationen

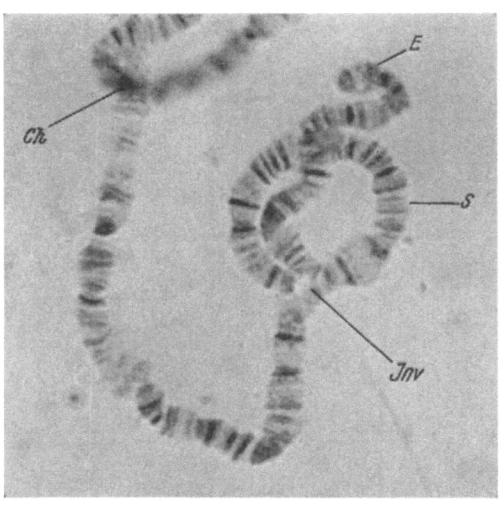

Abb. 14. Inversion von *Drosophila melanogaster*. S Inversionsschlinge, *Inv* Inversionsbrücke, E freies Chromosomenende, Ch Chromozentrum.

sind durch die Ausbildung typischer Schlingen bzw. Brücken sichtbar (Abb. 14 und 15). Über die große Bedeutung solcher Befunde für die Vererbungsforschung möge man in der einschlägigen Literatur nachlesen.

Die Chromosomen in den gewöhnlichen Mitosen von *Drosophila* sind sehr klein und am leichtesten in den Ganglien nicht ganz erwachsener Larven zu finden. Die Ganglien (Abb. 12) werden in physiologischer Kochsalzlösung isoliert und in einen Tropfen Essig-Karmin oder Essig-Orcein übertragen, dort mit der Nadel in mehrere Stücke

Die zytologische Untersuchung von Drosophila. 27

zerlegt und etwa zehn bis fünfzehn Minuten gefärbt, wobei darauf zu achten ist, daß der Tropfen nicht eintrocknet. Dann wird das Ganglion in einem Tropfen verdünnter Farb-

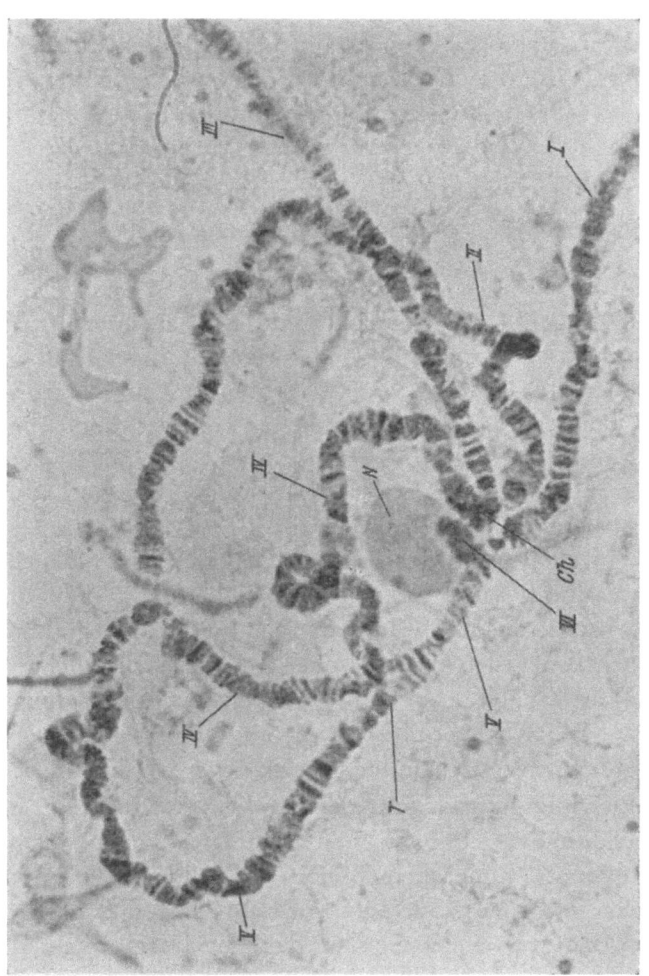

Abb. 15. Röntgen-induzierte Translokation von *Drosophila hydei*. (Präp. *Yvonne Fiala*.) *Ch* Chromozentrum, *N* Nukleolus, *I, II, III, IV, V, VI* die sechs Chromosomenelemente, *T* Translokationsbrücke zwischen dem IV- und V-Chromosom.

lösung durch Klopfen auf das Deckglas in seine Zellen zertrümmert und gequetscht. Dauerpräparate lassen sich in der oben angegebenen Weise herstellen. Man sucht eine Stelle auf, die eine Polansicht einer Metaphase bietet. In Abb. 13 sind die Metaphase-Chromosomen von *Dr. melanogaster* schematisch wiedergegeben, um das Größenverhältnis zu den Riesenchromosomen zu veranschaulichen. Für ein eingehendes Studium ist die Einbettung der fixierten Larven in Paraffin, die Herstellung von Mikrotomschnitten und die Färbung nach Heidenhain oder ähnliches zu empfehlen.

Einfache Vererbungsversuche mit *Drosophila melanogaster*.

Die hier angeführten Versuche sind eine Einführung in die genanalytische (bastard- oder kreuzungsanalytische) Methode der Behandlung von Vererbungsfragen an Hand unseres Objektes. Derartige Versuche könnten auch mit Mäusen, Kaninchen, dem Löwenmaul, dem Mais oder jedem beliebigen anderen Lebewesen vorgenommen werden, nur würden sie dann viel mehr Zeit, Geld und Mühe kosten. Die Kreuzungen werden so vorgenommen, daß ein Normalstamm, der durch viele Generationen ingezüchtet die normalen Eigenschaften der Wildform zeigt, mit einem Stamm gekreuzt wird, der sich in einer oder mehreren auffallenden Eigenschaften erblich von ihm unterscheidet oder umgekehrt oder daß zwei verschiedene, vom Normaltyp abweichende Erbstämme miteinander gekreuzt werden.

Die Vorbedingung für das Gelingen einer Kreuzung ist die Verwendung von unbefruchteten, jungfräulichen Weibchen und von Männchen, die noch nicht durch ihr Alter unfruchtbar geworden sind. Man wird in der Regel so vorgehen, daß man aus einem Glas, in dem die Imagines gerade im Schlüpfen begriffen sind, alle Fliegen sorgfältig entfernt und nun alle sechs Stunden die frisch geschlüpften Fliegen

Einfache Vererbungsversuche mit Drosophila melanogaster.

entnimmt und die Weibchen in Narkose kontrolliert und isoliert. Weibchen, die nicht älter als sechs Stunden sind, können als jungfräulich angesehen werden. Noch unbefruchtet sind die Weibchen, solange ihre Flügel noch nicht entfaltet sind oder so lange das Abdomen noch weich und walzenförmig und die Flügel weich sind. Die unbefruchteten Weibchen des einen Stammes werden mit jüngeren Männchen des anderen Stammes in einem neuen Kulturgefäß vereinigt. Die Beschriftung der Etikette erfolgt stets so, daß die Legende diese Generation charakterisiert, mit der das Glas beschickt worden ist. Dabei wird stets das Symbol der zur Kreuzung verwendeten Weibchen als erstes angeschrieben. Wenn man Weibchen des Stammes „A" mit Männchen des Stammes „B" gekreuzt hat, so schreibt man „A $\times$ B" und das Datum. „B $\times$ A" ist die reziproke Kreuzung. Die nächste Generation heißt die F_1-(erste Filial-)Generation. Wenn diese geschlüpft ist und man mit ihr ein neues Glas beschickt hat, wird dieses „A $\times$ B, F_1" beschrieben, die nächste Generation „A $\times$ B, F_2" usw. Die Legende zeigt also jeweils an, was in das Glas gekommen ist, nicht aber, was an schlüpfenden Tieren zu erwarten ist. Beim Ansetzen der F_1- und der folgenden Generationen ist es nicht mehr nötig, von unbefruchteten Weibchen auszugehen, da man ja eine wahllose Befruchtung mit den Männchen der gleichen Generation wünscht.

Wenn eine Kreuzung gelungen ist und die Larven sich entwickeln, dann werden die Elterntiere aus den Gläsern restlos entfernt, sobald die ersten Puppen sich zeigen. Die schlüpfenden Fliegen werden alle zwei bis drei Tage entnommen, in Narkose untersucht, nach Aussehen und Zahl der unterscheidbaren Typen registriert und vernichtet, sofern sie nicht zur Weiterzucht Verwendung finden. Während dieser Zeit legen die Fliegen natürlich ihre Eier wieder in den Nährboden. Es wäre daher ein arger technischer Fehler, wenn man mit der Auswertung eines Glases so lange zuwarten oder diese so lange fortsetzen würde, bis die Fliegen der übernächsten Generation schlüpfen und auf diese Weise die aufeinanderfolgenden Bastardgenerationen sich mischen würden. Es wird daher ein Glas nur bis zum neunten Tag nach dem Schlüpfen der ersten Fliegen ausgewertet. Diese Zeit genügt auch reichlich, um alle Fliegen der zu untersuchenden Generation erscheinen zu lassen. Es ist sehr wichtig, bei der Anstellung von Erbversuchen eine Übervölkerung der Gläser zu vermeiden. Man verwendet zur Kreuzung und zur Fortführung der Bastardgeneration nur je zehn bis zwanzig Pärchen. Außerdem empfiehlt es sich, die Eltern dann früher als gewöhnlich zu entfernen, wenn einem Glas bereits Übervölkerung droht. Man kann die Elterntiere in diesem Fall in ein frisches Glas umsetzen und auf diese Weise das Gelege einer Generation auf mehrere Gläser verteilen. Dies empfiehlt sich besonders dann, wenn man, z. B. zur statistischen Sicherung von Spaltungszahlen in der F_2-Generation, diese Generation in großer Zahl heranziehen will.

Alle Phasen der Versuche werden in einem Protokoll festgehalten. Zur Registrierung der aufspaltenden Bastardgenerationen verwendet man eine Tabelle nach folgendem Muster:

Kreuzung: „A×B".   Generation: F_2
Gesamtzahl:

Datum der Registrierung	Zahl der Fliegen		
	Normaltyp	Type........	Type........
Summe			
In % der Gesamtzahl			

Die Bezeichnung der Erbfaktoren und damit auch der Erbstämme erfolgt bei *Drosophila* nach einem konventionellen Schema in englischer Sprache, das in ähnlicher Weise, den Besonderheiten des Objektes jeweils angepaßt, auch für andere Tiere und Pflanzen international in Verwendung steht. Der Normalstamm wird mit + bezeichnet. Die kurze Charakteristik einer vom Normalen abweichenden Erbeigenschaft, z. B. „*ebony*" für schwarze Körperfarbe, „*white*" für weiße Augen, dient in einer festgelegten Abkürzung, hier „*e*" und „*w*", zur Bezeichnung des betreffenden Erbfaktors. Ist dieser, wie hier, gegenüber seinem Normalallel rezessiv, so wird das Symbol klein geschrieben. Ist er gegenüber seinem Normalallel dominant, wie bei „*Bar*", schmale Augen, so wird es „*B*" groß geschrieben. Das betreffende Normalallel wird $+^e$, $+^w$ und $+^B$ geschrieben. Wenn man einen Genotypus genau charakterisieren will, so muß man angeben, ob der betreffende Erbfaktor homo- oder heterozygot vorliegt und schreibt dann w/w für homozygot weißäugig. Meist wird aber auch hier abgekürzt einfach nur w geschrieben. Der heterozygote Zustand von „*Bar*" wäre zu schreiben $+^B/B$, oder kürzer $+/B$, von „*white*" $+^w/w$ oder kürzer $+/w$. Die Kreuzung Normal × *ebony* wird kurz geschrieben: $+ \times e$, die F_1-Generation wäre $+/e$, was man ihr aber nicht ansehen kann, da *ebony* rezessiv ist. Multiple Allelserien werden durch Indices bezeichnet, z. B. $+^w$ die normale dunkelrote Augenfarbe, w^{bl} blood blutrote Augen, w^e eosin gelbrote Augen, w^{bf} buff ledergelbe Augen und w white weiße Augen.

Einen Katalog aller bisher ermittelten Gene von *Drosophila melanogaster* gibt die Zusammenstellung von *Bridges-Brehme* (1944). Die weitgehend durchgeführte Genanalyse bei *Drosophila* ermöglicht es uns, die Gene in bestimmten Chromosomen zu lokalisieren. Jedem Gen wird auf der theoretischen Chromosomenkarte ein seinen Koppelungsbeziehungen zu den anderen Genen der Koppelungsgruppe entsprechender Ort angewiesen, der in Austauschprozenten ausgedrückt wird. Die Nummer des Chromosoms und der Genort werden dem Gensymbol in Klammern nachgesetzt, z. B. e (3 — 70,7).

Monohybride Kreuzung.

1. B e i s p i e l.

Erbstämme: Normal. *vestigial, vg* (2 — 67,0), Stummelflügel, die Flügel sind verkrüppelt, vom Körper abgespreizt und zum Fliegen nicht geeignet, die Fliegen laufen und springen nur. Das Merkmal *vg* kann auch mit freiem Auge erkannt werden.

Man kreuzt (P-Generation): $+ \times vg$ und reziprok $vg \times +$. Die F_1-Generation $+/vg$ hat in beiden Kreuzungsrichtungen durchwegs normale Flügel: Uniformitätsregel der Hybriden (erste *Mendel*sche Regel). Das Normalallel ist vollkommen dominant über *vestigial*. Es werden mehrere Gläser mit Fliegen der F_1-Generation beschickt und Übervölkerung sorgfältig vermieden. Die Resultate aller dieser Gläser werden zusammengezählt. Die F_2-Generation besteht z. B. aus 586 normalen und 193 stummelflügeligen bei einer Gesamtzahl (n) von 779 Fliegen. Es liegt eine Spaltung vor (zweite *Mendel*sche Regel), wobei die rezessive Eigenschaft wieder erscheint. Die Zahlen 586 und 193 verhalten sich ungefähr wie 3 : 1, wir schließen daraus auf eine monohybride (unifaktorielle) Spaltung in $^1/_4$ $+/+$, $^2/_4$ $+/vg$ (die auch normal aussehen) und $^1/_4$ vg/vg. Wir nehmen also an, daß die rezessive Eigenschaft der Stummelflügel auf der Mutation eines Gens beruht, dessen Normalallel die normale Gestalt der Flügel mitbestimmt. Das Resultat ist in beiden Kreuzungsrichtungen das gleiche.

Die Übereinstimmung der wirklichen Zahlen unseres Versuches mit dem theoretisch zu erwartenden Verhältnis 3 : 1 wird statistisch gesichert durch die Berechnung des mittleren Fehlers $m = \pm \sqrt{\frac{p \cdot (100-p)}{n}}$, wobei n die Gesamtzahl der Individuen ist und p der Prozentsatz, in dem die eine Kate-

Monohybride Kreuzung. 33

gorie auftritt, hier z. B. die stummelflügeligen. Zu diesem Zweck rechnen wir unsere Zahlen in Prozentzahlen um: normale 75,2 %, vg 24,8 %. Theoretisch zu erwarten wäre 75 % und 25 %. Die Abweichung der wirklichen Zahlen beträgt ± 0,2 %. $m = \pm \sqrt{\frac{24,8 \times 75,2}{779}} = \pm \sqrt{2,39} = \pm 1,55$.
Die Abweichung von ± 0,2 % liegt innerhalb des dreifachen, hier sogar innerhalb des einfachen mittleren Fehlers m und ist daher nur auf den Zufall, das heißt auf das allen statistischen Verteilungszahlen anhaftende Streuungsmoment zurückzuführen. Wir können daher eine volle Übereinstimmung zwischen Theorie und Resultat annehmen und damit den monohybriden Erbgang für dieses Beispiel als gesichert betrachten.

Wenn man in diesem Beispiel das Verhältnis Normal: *vestigial* in den ersten und den letzten Tagen des Auswertens der F_2-Generation vergleicht, bemerkt man, daß der Anteil der stummelflügeligen in den ersten Tagen deutlich kleiner, in den letzten Tagen viel höher ist. Dies kommt daher, daß das mutierte Allel vg nicht nur die Flügelform verändert, sondern auch die Entwicklungsdauer verlängert und die Vitalität schwächt. Dies soll uns ein Hinweis darauf sein, wie wichtig es ist, die F_2-Generation voll zu erfassen. Bei Übervölkerung der Gläser oder bei ungünstigen Verhältnissen im Nährboden würden viele vg/vg-Tiere gar nicht in Erscheinung treten, da sie in der erhöhten Nahrungskonkurrenz der Larven unterdrückt würden. Wir würden daher in solchen Fällen verfälschte Zahlen mit einer scheinbaren Abweichung von den *Mendel*-Regeln erhalten.

2. B e i s p i e l.

Erbstämme: Normal. *brown*, bw (2 — 104,5), braune Augen.

Man kreuzt: + × bw und bw × +. F_1: alle Fliegen haben normale, dunkelrote Augen. +^{bw} ist dominant über bw. F_2: bei einer Gesamtzahl von 1007 Fliegen finden wir 736 normale Augen und 271 braune Augen. Auch hier liegt monohybride Spaltung mit dem Zahlenverhältnis 3 : 1 vor. Die Übereinstimmung mit der Theorie sichern wir wieder durch Berechnung von m.

3. B e i s p i e l. Zur Sicherung der im 1. und 2. Beispiel verwendeten Annahme, daß die F_1-Generation heterozygot ist, führen wir die schon von *Mendel* verwendete Rückkreuzung mit dem rezessiven Elter durch. Wie kreuzen F_1 aus $(+ \times vg) \times$ *vestigial*, also $+/vg \times vg/vg$, oder reziprok. Hier ist es natürlich notwendig, nur unbefruchtete Weibchen der F_1-Generation zu verwenden, da es sich um die Kreuzung mit einer anderen Linie handelt. Wir erhalten aus dieser Rückkreuzung, in beiden Kreuzungsrichtungen, normale und stummelflügelige Fliegen im Zahlenverhältnis 1 : 1. Dies ist ein Beweis dafür, daß die F_1-Generation heterozygot $+/vg$ war. Auch hier sichern wir statistisch durch Berechnung von m. Wir könnten die Richtigkeit der Annahme in unserem ersten und zweiten Beispiel, daß unter den 75 % Normalen der F_2-Generation sich 50 % Heterozygoten verbergen, ebenfalls durch die Rückkreuzung mit dem homozygot rezessiven Stamm beweisen, wenn wir eine entsprechende Anzahl von F_2-Fliegen auf diese Weise analysieren.

Polyhybride Kreuzung.

4. B e i s p i e l.

Erbstämme: Normal. *brown*, *bw* (2 — 104,5), die uns schon bekannte braune Augenfarbe.

ebony, *e* (3 — 70,7), schwarze Körperfarbe statt der gewöhnlichen graubraunen Farbe.

bw, e. Ein Stamm, der in beiden Eigenschaften, brown und ebony, vom Normalen abweicht.

Wir kreuzen $+ \times bw$, *e* und reziprok. F_1: normal, sowohl *bw* wie auch *e* sind rezessiv ($+/bw$, $+/e$). In der F_2-Generation erhalten wir vier verschiedene Typen (Kombinationsregel, 3. *Mendel*sche Regel): 1. normale; 2. braunäugige mit normaler Körperfarbe; 3. rotäugige mit schwarzer Körperfarbe; 4. braunäugige mit schwarzer Körperfarbe. Bei einer Gesamtzahl von z. B. 496 Fliegen sind 283 normale, 94 braunäugige, 91 mit schwarzer Körperfarbe und 28 mit braunen Augen und schwarzer Körperfarbe registriert worden. Das Verhältnis 283 : 94 : 91 : 28 erinnert an das von den **Mendel**schen Regeln für dihybride Bastarde geforderte Zahlenverhältnis 9 : 3 : 3 : 1. Man rechnet auch hier wieder die Zahlen in Prozente um und stellt die Abweichung von den theoretisch zu erwartenden Verhältniszahlen fest. Die statistische Sicherung der Übereinstimmung müßte hier so erfolgen, daß der mittlere Fehler m für jede Kategorie gesondert berechnet wird. Dies wäre aber umständlich und könnte uns in manchen Fällen im Unklaren über die wahrscheinlichkeitsmathematische Bedeutung der Abweichungen lassen, z. B. in Fällen, in denen die Abweichung einer Kategorie von der Erwartung wohl innerhalb, die einer andern aber außerhalb des dreifachen mittleren Fehlers liegt. Man bedient sich daher zur statistischen Sicherung von Verhältniszahlen mit mehr als einem Freiheitsgrad, d. h. mit mehr als zwei unterscheidbaren Kategorien, der χ^2-Methode. (Siehe die einschlägigen Lehrbücher!)

Man könnte unsern dihybriden Erbversuch auch so durchführen, daß wir die Erbstämme *bw* und *e* miteinander kreuzen. Auch dann wäre die F_1-Generation $+$ /*bw*, $+$ /*e* und von normalem Aussehen und in der F_2-Generation würde die gleiche Spaltung mit den gleichen Verhältniszahlen erfolgen. Wir können die Annahme von der doppelt heterozygoten Natur der F_1-Generation dadurch beweisen, daß wir F_1-Tiere mit dem Erbstamm *bw*, *e* kreuzen. Also $+$ / *bw*, $+$ /*e* $\times$ *bw*/*bw*, *e*/*e*. Aus dieser Rückkreuzung erhalten wir die vier Typen: 1. normal; 2. braunäugig; 3. schwarzer Körper; 4. braune Augen und schwarzer Körper im Verhältnis 1 : 1 : 1 : 1. Die freie Rekombination bei solchen dihybriden Kreuzungen beruht darauf, daß die beiden im Versuch verwendeten Allelpaare in verschiedenen Chromosomen gelegen sind.

Geschlechtsgebundene Vererbung.

5. Beispiel.

Erbstämme: Normal. *white, w* (1 — 1,5), weiße Augen.
Man kreuzt $+ \times w$ und $w \times +$. Die F_1-Generation ist hier verschieden je nach der Kreuzungsrichtung. Die F_1 der Kreuzung $+ \times w$ zeigt durchwegs rote Augen, in der F_1 der Kreuzung $w \times +$ haben jedoch nur die Weibchen rote Augen, während alle Männchen weiße Augen zeigen. Hier liegt also eine Durchbrechung der Uniformitätsregel und die auffallende Erscheinung vor, daß bei dem einen Geschlecht, hier beim männlichen und nur bei diesem, die rezessive Eigenschaft weißäugig schon in der F_1-Generation in Erscheinung tritt, wenn die Mutter in dieser Eigenschaft homozygot war. Die F_2-Generation aus $+ \times w$ zeigt rote und weiße Augen in der für monohybride Kreuzungen üblichen Zahlenverteilung 3 : 1, doch sind die 25 % weißäugigen ausschließlich Männchen. Die F_2 aus $w \times +$ zeigt hingegen eine Aufspaltung in rot : weiß wie 1 : 1, und zwar ist die Hälfte aller Weibchen und die Hälfte aller Männchen weißäugig. Hier liegt also auch eine Durchbrechung der monohybriden Spaltungsregel vor.

Diesen Erbgang nennen wir die echte geschlechtsgebundene Vererbung. Sie kommt bei getrenntgeschlechtlichen Organismen vor, bei denen das Geschlecht durch ein Heterochromosomenpaar bestimmt wird, und ist ein Anzeichen dafür, daß das Y-Chromosom des einen Geschlechts, hier des männlichen, ganz oder teilweise genleer ist, d. h. kein Normalallel zu dem im Versuch verwendeten rezessiven Allel enthält. Diese Eigentümlichkeit des Y-Chromosoms läßt sich bei *Drosophila* und anderen Organismen auch zytologisch feststellen. Gleichzeitig ist dieser Erbgang ein Beweis dafür, daß die im Versuch verwendete Erbeigenschaft von einem im X-Chromosom, dem Partner des Y-Chromosoms, gelegenen Gen bewirkt wird. Wir werden daher die obigen Kreuzungen folgendermaßen symbolisieren, wobei wir daran denken müssen, daß dem angeschriebenen Y-Chromosom keine Erbwirkung, sondern nur die Geschlechtsbestimmung zukommt. $+/+ \times w/Y$ (weiß); F_1-Weibchen $+/w$, F_1-Männchen $+/Y$; F_2-Weibchen $+/w$ oder $+/+$, F_2-Männchen $+/Y$ oder w/Y (weiß). Reziprok w/w (weiß) $\times +/Y$; F_1-Weibchen $w/+$, F_1-Männchen w/Y (weiß); F_2-Weibchen w/w (weiß) oder $+/w$, F_2-Männchen w/Y (weiß) oder $+/Y$. Auch hier könnten wir die Richtigkeit unserer Annahmen durch entsprechend angelegte Rückkreuzungsversuche bestätigen.

6. Beispiel.

Erbstamm: y/f. In diesem Stamm zeigen alle Weibchen gelbe *(yellow, y,* 1 — 0,0) statt graubrauner Körperfarbe und alle Männchen zeigen gegabelte Borsten *(forked, f,* 1 — 56,7). Wir beobachten die folgenden Generationen und stellen fest, daß diese Merkmale von Generation zu Generation unverändert bleiben. Die Weibchen erben ihre gelbe Körperfarbe stets von den Müttern und die Männchen die gegabelten Borsten von den Vätern. Dies ist ein merkwürdiger, zunächst unbegreiflicher Tatbestand. Wenn wir normale Männchen zur Begattung der Weibchen verwenden, ändert sich nichts, d. h. ihre gelbe Körperfarbe wird wieder nur auf die Töchter, die Eigenschaften der Männchen nur auf die Söhne vererbt. Wenn wir die *forked*-Männchen zur Begattung normaler Weibchen verwenden, so zeigt die Eigenschaft f den echten geschlechtsgebundenen Erbgang.

Die Lösung ist die folgende: Auch *yellow* ist geschlechtsgebunden, das Gen liegt also im X-Chromosom. Beim Stamm y handelt es sich um einen sogenannten attached-X-Stamm, d. h. die beiden X-Chromosomen des Weibchens sind hier ausnahmsweise an ihren Enden fest verbunden, können daher in der Meiose (Reduktionsteilung) nicht getrennt werden (symbolisiert durch Unterstreichung des Symbols). Das Weibchen bildet daher in gleicher Menge Eier mit den beiden X-Chromosomen, die beide y enthalten, und Eier ohne X-Chromosom. Das Männchen bildet Spermien mit einem X-Chromosom mit *f,* die sonst weibchenbestimmend sind, und Spermien mit dem genleeren Y-Chromosom, die sonst männchenbestimmend sind. Hier aber sind zwei Kombinationen nicht lebensfähig und fallen daher für die Fortpflanzung aus, nämlich die Befruchtung eines Eies mit attached-X mit einem Spermium mit X-Chromosom, da hier drei X-Chromosomen zusammenkommen, und die Befruchtung eines Eies ohne X-Chromosom mit einem Spermium mit Y-Chromosom, da hier das X-Chromosom ganz fehlt. Es bleiben daher nur zwei mögliche Kombinationen übrig: Die Befruchtung eines Eies mit dem attached-X-Verband mit einem Spermium mit Y-Chromosom — das sind die gelben Töchter, denn sie enthalten zwei X-Chromosomen mit je einem *y*-Faktor — und die Befruchtung eines Eies ohne X-Chromosom mit einem Spermium mit X-Chromosom — das sind die Söhne, die nur ein X-Chromosom des Vaters mit dem Faktor *f* enthalten.

Die Richtigkeit dieser Deutung läßt sich u. a. aus der Betrachtung der Metaphase-Chromosomen der somatischen Mitosen der attached-X-Weibchen erweisen, in denen die beiden X-Chromosomen tatsächlich an den Enden verbunden erscheinen. Die Riesenchromosomen sind hier als Beweismittel nicht brauchbar, da bei ihnen im Weibchen stets beide X-Chromosomen zu einer Einheit gepaart sind.

Koppelung und Faktorenaustausch.

7. B e i s p i e l. Erbstämme: Normal. *sepia, se* $(3 - 26,0)$, die Augen sind bei älteren Tieren schwarzbraun, bei frisch geschlüpften sind sie kastanienbraun und dunkeln mit dem Altern nach.

spineless, ss $(3 - 58,5)$, alle Borsten sind stark verkürzt und dünn.

sepia-spineless, se ss, der Stamm zeigt beide beschriebenen Eigenschaften.

Man kreuzt $+ \times se\,ss$ und reziprok. F_1 normal, beide Eigenschaften sind rezessiv. In der F_2-Generation finden wir,

Koppelung und Faktorenaustausch.

wie es für eine dihybride Kreuzung zu erwarten war, eine Aufspaltung in die vier Typen: 1. normal, 2. *sepia*, 3. *spineless*, 4. *sepia-spineless*. Das nach den *Mendel*schen Regeln zu erwartende Zahlenverhältnis von 9 : 3 : 3 : 1 trifft jedoch nicht zu. Die Typen 1 und 4 sind zahlenmäßig viel zu stark vertreten auf Kosten der Typen 2 und 3. Die Abweichungen sind so groß, daß sie durch den Zufall nicht zu erklären sind, wie die Anwendung statistischer Sicherungsmethoden beweist. Wir können diesen dihybriden Versuch auch so ansetzen, daß wir $se \times ss$ kreuzen oder reziprok. Auch jetzt ist die F_1 normal und in der F_2 sehen wir die Aufspaltung in die vier Typen. Auch jetzt ist das zu erwartende Zahlenverhältnis 9 : 3 : 3 : 1 nicht realisiert, nur sind jetzt die Abweichungen ganz andere. Jetzt überwiegen die Typen 2 und 3 auf Kosten der Typen 1 und 4. Die Störung der *Mendel*-Gesetze bezieht sich nur auf eine Einschränkung der freien Rekombination. Wenn wir die Zahlenverhältnisse der beiden Faktoren in unserem Versuch getrennt auszählen, also rote Augen zu *sepia* und normale Borsten zu *spineless*, so können wir für diese beiden monohybriden Spaltungen das normale Zahlenverhältnis 3 : 1 feststellen.

Die Einschränkung der freien Rekombination beruht darauf, daß beide Gene, deren Allele wir verwendet haben, im gleichen Chromosom liegen und daher das Phänomen der Koppelung bzw. der Abstoßung zeigen, je nachdem, ob sie durch einen Elter gemeinsam oder ob sie getrennt in die Kreuzung eingeführt worden sind. Danach müßten eigentlich die beiden Dominanten und die beiden rezessiven Allele so durch den Erbgang gehen, wie sie in die Kreuzung hineingekommen sind, also nach der Kreuzung $+ \times se\,ss$ absolut gekoppelt, nach der Kreuzung $se \times ss$ absolut getrennt. Daß trotzdem im dihybriden Versuch eine wenn auch gegen die freie Spaltung zahlenmäßig herabgesetzte Neukombination der Allele eintritt, beruht auf dem Phänomen des Faktorenaustausches (Crossing-over), den wir aus guten Gründen als einen realen Stückaustausch zwischen den homologen Chromosomen eines Paares ansehen.

Bei *Drosophila* findet ein Faktorenaustausch nur im Weibchen statt. Im Männchen gibt es, wie meist bei den Formen mit genleerem Y-Chromosom, praktisch kein Crossing-over. Dies können wir durch die Methode der Rückkreuzung beweisen, die uns zugleich eine Standardmethode zur quantitativen Beurteilung des Faktorenaustausches darstellt. Wir kreuzen wieder $+ \times se\,ss$ und führen nun mit den unbefruchteten Weibchen bzw. mit den Männchen der F_1-Generation die Rückkreuzung mit $se\,ss$ durch. Also $+\,^{se}/se + \,^{ss}/ss \times se\,ss$ bzw. $se\,ss \times +\,^{se}/se +\,^{ss}/ss$. In beiden Fällen müßten wir bei freier Spaltung, also wenn die beiden Gene nicht im gleichen Chromosom gelegen wären, die vier Typen 1. normal, 2. *se*, 3. *ss* und 4. *se ss* im Zahlenverhältnis 1 : 1 : 1 : 1 bekommen. Im Falle, daß wir das doppelt heterozygote Männchen der F_1-Generation mit dem doppelt rezessiv homozygoten Weibchen des Stammes *se ss* gekreuzt haben, erhalten wir aber überhaupt nur zwei Typen: 1. normale, 2. *se ss* im Verhältnis 1 : 1. Die beiden Allelpaare sind also in diesem Fall absolut gekoppelt geblieben, so wie sie in die Kreuzung eingegangen sind, da im Männchen kein Faktorenaustausch stattfindet. (Wenn wir das doppelt heterozygote Männchen durch die Kreuzung $se \times ss$ hergestellt hätten, dann würde diese Rückkreuzung nur die zwei Typen 1. *se* und 2. *ss* im Verhältnis 1 : 1 ergeben, also die absolute Abstoßung zeigen.) In der reziproken Rückkreuzung, also bei Verwendung des doppelt heterozygoten Weibchens der F_1-Generation und des Männchens aus dem Stamm *se ss* erhalten wir die vier oben aufgezählten Typen, die beiden Allelpaare zeigen nur partielle Koppelung. Durch sie ist das Zahlenverhältnis 1 : 1 : 1 : 1 so weit gestört, daß die beiden Neukombinationen *se* und *ss* zusammen nur ca. 26 % der Gesamtmenge ausmachen statt 50 %. (Im Falle der Herstellung des doppelt heterozygoten Weibchens aus der Kreuzung *se* × *ss* gilt das Gleiche für die partielle Abstoßung. Hier treten die beiden Neukombinationen 1. normal und 2. *se ss* nur mit 26 % statt mit 50 % der Gesamtmenge auf.) Da diese mit 26 % vertretenen Typen nur durch Stückaustausch zustande gekommen sein können, nennen wir diesen Betrag das Austauschprozent und geben den beiden Genen auf der theoretischen Karte des III-Chromosoms diese Distanz.

8. B e i s p i e l.

Zum weiteren Studium des Faktorenaustausches verwenden wir einen Stamm, der in drei verschiedenen Eigenschaften vom Normalstamm abweicht. Alle drei Eigenschaften zeigen, gesondert geprüft, geschlechtsgebundenen Erbgang und ihre Gene sind daher im X-Chromosom zu lokalisieren.

Erbstämme: Normal. *y v f. yellow, y* (1 — 0,0) ist die uns bekannte, gelbe Körperfarbe. *vermilion, v* (1 — 33,0) hellrote statt der gewöhnlichen dunkelroten Augen. Der Unterschied ist bei guter, gleichmäßiger, auffallender Beleuchtung und einiger Übung eindeutig festzustellen. *forked, f* (1 — 56,7) die uns schon bekannten gegabelten Borsten.

Wir kreuzen $y\ v\ f \times +$. In der F_1-Generation zeigen alle Weibchen den Normaltypus, da alle drei Allele rezessiv sind. Alle Männchen dagegen zeigen die drei rezessiven Eigenschaften, da sie ihr einziges X-Chromosom von der Mutter haben und vom normalen Vater nur das genleere Y-Chromosom. Zur Prüfung der Koppelungsverhältnisse sollten wir eine Rückkreuzung durchführen, wie im 7. Beispiel. Diese können wir uns hier, bei der Prüfung von geschlechtsgebundenen Eigenschaften, ersparen, da die Männchen der F_1-Generation ja schon in allen drei rezessiven Eigenschaften als homozygot anzusehen sind. Es genügt daher, die Kopulation in der F_1-Generation wahllos zuzulassen und diese in mehreren Gläsern zur Aufzucht der F_2-Generation anzusetzen. In dieser Generation sind entsprechend dem trihybriden Charakter der Kreuzung acht verschiedene Typen zu erwarten, die den acht möglichen Kombinationen entsprechen. Im Falle freier Spaltung, d. h. wenn die drei Gene in drei verschiedenen Chromosomenpaaren gelegen wären, müßten diese acht Typen nach Rückkreuzung in gleichen Zahlenanteilen in Erscheinung treten. Hier aber sind die Anteile recht ungleichwertig und sind uns ein Anzeichen für die Häufigkeit der Austauschvorgänge zwischen den beiden X-Chromosomen im dreifach heterozygoten F_1-Weibchen.

In einem Versuch mit einer Gesamtzahl von 1128 Fliegen der F_2-Generation finden wir z. B. die folgenden Zahlen:

1. Normal $+^y +^v +^f$ 299
2. gelb, hellrote Augen, gegabelte Borsten $y\,v\,f$ 282
} 581, 51,5 %, Nichtaustauschklasse;

3. graubraun, hellrote Augen, gegabelte Borsten $+^y v\,f$ 141
4. gelb, normale Augen und Borsten $y +^v +^f$ 152
} 193, 26,0 %, einfache Austauschklasse zwischen y und v;

5. gelb, hellrote Augen, normale Borsten $y\,v +^f$ 107
6. normale Körper- und Augenfarbe, gegabelte Borsten $+^y +^v f$ 119
} 226, 20,0 %, einfache Austauschklasse zwischen v und f;

7. gelb, normale Augen, gegabelte Borsten $y +^v f$ 12
8. graubraun, hellrote Augen, normale Borsten $+^y v +^f$ 16
} 28, 2,5 %, Doppelaustauschklasse, Austausch zwischen y und v und zwischen v und f.

Die zahlenmäßig kleinste Klasse, hier aus den Typen 7 und 8 bestehend, ist jene, die nur durch Doppelaustausch entstanden gedacht werden kann, es muß also v zwischen y und f liegen. Wir müssen daher die Reihenfolge der Gene im X-Chromosom $y \to v \to f$ (oder $f \to v \to y$) annehmen. Der Austauschwert zwischen den beiden, am weitesten voneinander entfernten Genen y und f müßte die Summe aller einfachen Austauschvorgänge zwischen y und v und zwischen v und f sein, hier also $(26{,}0 + 2{,}5) + (20{,}0 + 2{,}5) = 51$ %. In unserem Versuche finden wir aber eine Trennung von y und f durch Austausch (Typen 3 — 6) nur mit 46 % Häufigkeit. Dies beruht eben darauf, daß durch den gleichzeitigen Austausch zwischen y und v und zwischen v und f die ursprüngliche Lage für y und f wiederhergestellt wird. Da der einfache Austausch auf der Strecke $y-v$ und auf der Strecke $v-f$ mit der Wahrscheinlichkeit von $(26{,}0 + 2{,}5)\%$ bzw. $(20{,}0 + 2{,}5)\%$ eintritt, müßte die Wahrscheinlichkeit für den Doppelaustausch das Produkt dieser beiden Wahrscheinlichkeiten $(26{,}0 + 2{,}5) \times (20{,}0 + 2{,}5)$, also $6{,}4\%$ sein. Im Versuch haben wir aber nur $2{,}5\%$ Doppelaustausch gefunden. Dies beruht auf der Erscheinung der Interferenz, d. h. der Herabsetzung der Austauschwahrscheinlichkeit in der Umgebung eines eingetretenen Austausches. Wir können auf Grund unserer Zahlen eine provisorische Chromosomenkarte für die Strecke yvf entwerfen, wobei wir als Einheiten der Entfernung die Austauschprozente verwenden. Die Angaben der endgültigen Chromosomenkarte dieser Strecke werden allerdings etwas anders aussehen, da wir in unserem nur durch drei relativ weit voneinander entfernte Punkte markierten Versuch nicht alle auf dieser Strecke sich abspielenden Austauschvorgänge vollzählig erfassen konnten.

Multiple Allelie.

9. B e i s p i e l.

Erbstämme: *white*, w, weiße Augen;

eosin, w^e, rotgelbe Augen, beim Männchen etwas heller;

blood, w^{bl}. Dieser Stamm hat bei tieferen Temperaturen blutrote Augen, bei 25^0 sind sie gelbrot und bei höheren Temperaturen hellgelb. Wir haben hier ein interessantes Beispiel des Einflusses der Umwelt auf die Manifestation der Genwirkung vor uns. Um mit einer gleichmäßigen Auswirkung dieses Faktors rechnen zu können, werden wir die folgenden Versuche bei 20^0 vornehmen.

Wir kreuzen $w \times w^e$. Die F_1-Weibchen zeigen eine Zwischenfarbe zwischen weiß und gelbrot, während die Männchen, wie zu erwarten, weiße Augen haben. Die Männchen der F_2-Generation haben zur Hälfte weiße, zur Hälfte gelbrote Augen, was darauf hinweist, daß die F_1-Weibchen heterozygot w/w^e waren. Auch bei der Kreuzung $w \times w^{bl}$ oder $w^e \times w^{bl}$ erhalten wir in den heterozygoten F_1-Weibchen eine intermediäre Ausprägung der Augenfarbe. Die Allele w, w^e, w^{bl} und noch einige weitere bilden eine multiple Serie von Allelen mit intermediärer Merkmalausprägung in den heterozygoten Zuständen. Nur das Normalallel dieser Serie $+^w$, das die normale dunkelrote Augenfarbe bewirkt, ist dominant über alle diese Allele. Die verschiedenen Allele der Serie sind verschiedene Mutationsstufen des Gens $+^w$ und können durch Mutation aus ihm entstehen, ineinander übergehen oder zu ihm rückmutieren. Mehr als zwei dieser Allele können natürlich nicht gleichzeitig in einem Weibchen vorhanden sein, da dieses nur zwei X-Chromosomen hat. Beim Männchen können sie niemals heterozygot vorliegen, da dieses nur ein X-Chromosom hat.

Letalfaktoren.

10. B e i s p i e l.

Erbstämme: Normal. *Lobe²/Curly*, L^2/Cy. Dieser Stamm zeigt verkleinerte Facettenaugen und nach oben aufgerollte Flügel.

Wir kreuzen $L^2/Cy \times +$. Die F_1-Generation besteht zur Hälfte aus Tieren mit verkleinerten Augen und normalen Flügeln und zur Hälfte aus Tieren mit normalen Augen und aufgerollten Flügeln. Beide Typen sind durch Weibchen und Männchen in gleichem Maße vertreten. Nicht ein einziges Individuum ist normal oder zeigt beide abweichenden Merkmale vereinigt. Wir isolieren beide Typen, wobei wir nur unbefruchtete Weibchen verwenden, und züchten sie getrennt fort. Die L^2-Tiere geben in der F_2-Generation zu zwei Drittel Fliegen mit verkleinerten Augen, zu einem Drittel normale Tiere. Die Nachkommen der *Cy*-Tiere bestehen zu zwei Drittel aus Fliegen mit aufgerollten Flügeln, zu einem

Inversionen, Duplikationen. 45

Drittel aber aus normalen. Wenn wir unbefruchtete L^2-Weibchen der F_1-Generation mit Männchen des Normalstammes kreuzen, erhalten wir verkleinerte Augen und Normale im Verhältnis 1 : 1. Dasselbe gilt für die Kreuzung von Cy-Weibchen der F_1-Generation mit normalen Männchen, aus der aufgerollte Flügel und normale Tiere im Verhältnis 1 : 1 hervorgehen.

Diese Verhältnisse sind so zu deuten: L^2 und Cy sind Faktoren mit dominanter Wirkung, die im heterozygoten Zustand die Verkleinerung der Augen bzw. die Aufrollung der Flügel bedingen, im homozygoten Zustand aber letal wirken. Die Träger der homozygoten Kombinationen kommen überhaupt nicht zur Entwicklung. Beide Gene liegen im II-Chromosom und sind in unserem Ausgangsstamm „ausbalanziert". Der Stamm L^2/Cy bleibt in seinem Aussehen konstant, da immer wieder nur L^2/Cy-Tiere entstehen können. Die zu je 25 % zu erwartenden L^2/L^2 und Cy/Cy-Tiere sind ja letal. Durch die Kreuzung $L^2/Cy \times +/+$ entstehen 50 % $L^2/+$ und 50 % $Cy/+$. Bei der Paarung $L^2/+ \times L^2/+$ entstehen 25 % L^2/L^2, die letal sind, 50 % $L^2/+$ mit verkleinerten Augen und 25 % $+/+$ Normaltiere. Das Gleiche gilt für die Fortzucht von $Cy/+$. Daher die ungewöhnliche Aufspaltung im Zahlenverhältnis 2 : 1. Das Spaltverhältnis 1 : 1 bei Kreuzung von $L^2/+$ oder $Cy/+$ mit $+/+$ ist ebenso leicht verständlich.

Inversionen, Duplikationen.

11. Beispiel.

Erbstämme: Normal.

white, w (1 — 1,5), weiße Augen;

$ClB/+$-Weibchen. Diese Weibchen sind heterozygot in dem dominanten Faktor *Bar*, B, (1 — 57,0). Sie haben kleinere Facettenaugen als normale Fliegen, die Augen sind etwa nierenförmig. Im homozygoten Zustand verkleinert dieser Faktor die Augen noch mehr, so daß sie nur mehr

Inversionen, Duplikationen.

bandförmig sind. Dieser Faktor *B* ist keine echte Genmutation, sondern eine Duplikation, die Verdopplung eines bestimmten kurzen Stückes des X-Chromosoms, wie an den Riesenchromosomen nachgewiesen werden konnte. Bei den Nachkommen unserer *ClB*-Weibchen kann er jedoch nicht homozygot werden.

Wenn wir die Kreuzung *ClB*/+ × *w* durchführen, so finden wir, daß in der F_1-Generation nur die Hälfte der zu erwartenden Männchen vorhanden ist, d. h. das Zahlenverhältnis zwischen Weibchen und Männchen ist 2 : 1. Alle Männchen sind normal, kein einziges zeigt *B*. Die Weibchen sind zur Hälfte *ClB*/*w*, also heterozygot in *Bar* mit nierenförmigen Augen und heterozygot in *white*, und zur Hälfte +/*w*, also mit normalen Augen. Wenn wir die *ClB*/*w*-Weibchen mit den Männchen des Normalstammes paaren, so erhalten wir wieder das Geschlechtsverhältnis von Weibchen zu Männchen wie 2 : 1. Alle Männchen zeigen jetzt weiße Augen und die Weibchen sind wieder zur Hälfte *ClB*/+ mit nierenförmigen Augen und zur Hälfte *w*/+ mit normalen Augen. Die Verschiebung des Geschlechterverhältnisses und das Nichterscheinen von *B*-Männchen unter den Nachkommen der *ClB*-Mütter erklärt sich daraus, daß in unserem Stamm mit dem Faktor *B* der Faktor *l*, ein rezessiver Letalfaktor, gekoppelt ist. Dieser macht alle *ClB*-Männchen, also stets die Hälfte der zu erwartenden Söhne, unlebensfähig und verhindert auch die Entstehung von homozygoten *ClB*/*ClB*-Weibchen, während er im heterozygoten Zustand bei den *ClB*/+-Weibchen unwirksam ist. Die Koppelung zwischen ihm und dem Faktor *B* ist dadurch absolut, daß außerdem der „Faktor" *C* („Cross-suppressor") vorhanden ist. Dieser ist kein Faktor, sondern eine Inversion in jenem X-Chromosom, das auch *l* und *B* enthält. Diese Inversion ist daher bei den *Clb*/+-Weibchen heterozygot vorhanden. Eine heterozygote Inversion verhindert in ihrer ganzen Ausdehnung das Crossing-over, den Faktorenaustausch. Das

Chromosom, das den rezessiven Letalfaktor *l* und die Inversion *C* führt, ist durch *B* für uns sichtbar markiert. Daß unsere Deutung richtig ist, zeigt die Untersuchung der Riesenchromosomen von *Clb*/+-Larven, in denen die Inversion im X-Chromosom an der typischen Schlingenbildung sichtbar ist (Abb. 14).

Genwirkung, Phänotypus und Genotypus.

12. B e i s p i e l.

Erbstämme: Normal.

white, w (1 — 1,5), weiße Augen;

bw, st. Dieser Stamm hat reinweiße Augen, genau wie der Stamm *w*. Er ist homozygot in den Faktoren *brown, bw* (2 — 104,5) und *scarlet, st* (3 — 44,0).

Wir kreuzen *bw, st* × *w*, also zwei Stämme, die beide reinweiße Augen haben. Die F_1-Generation zeigt ausschließlich normale dunkelrote Augen. In der F_2-Generation finden wir eine komplizierte Aufspaltung, bei der neben normal rotäugigen und weißäugigen Tieren auch solche mit braunen und mit hellroten Augen auftreten. Kreuzen wir *bw, st* × +, so ist die F_1 normal und in der F_2 finden wir die Typen rot : braun : hellrot : weiß im Verhältnis 9 : 3 : 3 : 1.

Wir haben hier die merkwürdige Tatsache vor uns, daß zwei Stämme, die die gleiche weiße Augenfarbe haben und diese bei reiner Fortzucht auch ständig beibehalten, nach Kreuzung miteinander eine komplizierte Aufspaltung in verschiedene Farben ergeben. Die Ursache dafür ist uns klar, wenn wir bedenken, daß die Weißäugigkeit von *w*, wie uns schon bekannt, durch einen rezessiven geschlechtsgebundenen Faktor bewirkt wird, die Weißäugigkeit von *bw, st* dagegen, wie aus der Kreuzung dieses Stammes mit dem Normalstamm hervorgeht, durch das Zusammenwirken zweier ganz anderer Faktoren bedingt wird. Der eine, *bw*, bewirkt für sich allein braune, der andere, *st*, für sich allein hellrote Augen. Der braunen Erbrasse fehlt die Rotkomponente, der hellroten Rasse die Braunkomponente der normalen dunkelroten Pigmentierung des Auges. Dadurch, daß dem Stamm *bw, st* beide Komponenten fehlen, sind seine Augen pigmentfrei. Diese hier nur angedeuteten Zusammenhänge sind in ihren physiologischen und biochemischen Grundlagen heute weitgehend aufgeklärt und stellen ein schönes Beispiel für das Wesen der Genwirkung und für das komplizierte Zusammenwirken der Gene in der Gengesellschaft dar. Hier konnte nur die formale, faktorielle Deutung des Falles entwickelt werden. Sie führt uns bereits zu der allgemein wichtigen Erkenntnis, daß der gleiche Phänotypus, hier die Weißäugigkeit, sehr verschieden genotypisch bedingt sein kann.

Empfehlenswerte Bücher.

Einführungen in die Vererbungslehre.

Dunn, L. C. & Dobzhansky, Th.: Heredity, Race and Society. New York; Penguin, 1946.
Ford, E. B.: The Study of Heredity. Oxford: Univ. Press, 1938.
Goldschmidt, R.: Die Lehre von der Vererbung. Sammlung „Verständliche Wissenschaft". Berlin: Julius Springer, 1929. (Vergriffen.)
Kalmus, H.: Genetics. Pelikan Books, 1948.
Kühn, A.: Grundriß der Vererbungslehre. Leipzig: Quelle & Mayer, 1939. (Vergriffen.)
Mainx, F.: Einführung in die Vererbungslehre. Wien: Springer-Verlag, 1948.

Lehrbücher der Vererbungslehre.

Baur, E.: Einführung in die experimentelle Vererbungslehre. Berlin: Borntraeger, mehrere Auflagen. (Vergriffen.)
Goldschmidt, R.: Einführung in die Vererbungswissenschaft. Berlin: Julius Springer, mehrere Auflagen. (Vergriffen.)
Snyder, L. H.: The Principles of Heredity. 3d Edition. Boston: Heath & Cy., 1946.
Waddington, C. H.: An Introduction to modern Genetics. New York: Macmillan Co., 1939.

Drosophila-Literatur.

Bridges, C. B. & Brehme, K. S.: The Mutants of Drosophila melanogaster. Carnegie Institution of Washington Publication 552, 1944.
Demerec, M. & Kaufmann, B. P.: Drosophila Guide. Carnegie Institution of Washington, 1945.
Morgan, T. H., Bridges, C. B. & Sturtevant, A. H.: The Genetics of Drosophila. Bibliotheca Genetica, vol. 2, 1925. (Vergriffen.)
Strasburger, E. H.: Drosophila melanogaster Meig., eine Einführung in den Bau und die Entwicklung. Berlin: Springer-Verlag, 1935. (Vergriffen.)

MIX
Papier aus verantwortungsvollen Quellen
Paper from responsible sources
FSC® C105338

If you have any concerns about our products,
you can contact us on
ProductSafety@springernature.com

In case Publisher is established outside the EU,
the EU authorized representative is:
Springer Nature Customer Service Center GmbH
Europaplatz 3, 69115 Heidelberg, Germany

Printed by Libri Plureos GmbH
in Hamburg, Germany